放下你就赢了

凉月满天 著

成都时代出版社
CHENGDU TIMES PRESS

图书在版编目（CIP）数据

一放下你就赢了 / 凉月满天著 . -- 成都 : 成都时代出版社, 2016.5

ISBN 978-7-5464-1635-9

Ⅰ. ①一… Ⅱ. ①凉… Ⅲ. ①散文集–中国–当代 Ⅳ. ①I267

中国版本图书馆 CIP 数据核字（2016）第 101719 号

一放下你就赢了
YIFANGXIA NIJIU YINGLE
凉月满天 著

出品人	石碧川
责任编辑	周 慧
责任校对	陈德玉
装帧设计	点石坊工作室
责任印制	干燕飞
出版发行	成都时代出版社
电话	（028）86621237（编辑部） （028）86615250（发行部）
网址	www.changdusd.com
印刷	三河市祥达印刷包装有限公司
规格	690mm × 980mm 1/16
印张	15
字数	250 千字
版次	2016 年 7 月第 1 版
印次	2016 年 7 月第 1 次印刷
印数	1–15000
书号	ISBN 978-7-5464-1635-9
定价	29.80 元

序

回想自己一路走过来的光景，过去的四十多年里，从记事起，就被恐惧缠绕左右，一刻不得稍安。

很小的时候，大约刚记事，哥哥一次很晚还没有到家。那天的晚饭我也无心去吃，就坐在门外的春布石上痴痴地等。从夕阳衔山等到暮色四合，又从暮色四合等到夜色深沉。爹娘一次次来叫我，反复告诉我哥哥去干活了，要回来得晚，我都不肯挪动。一直到他风尘仆仆地回来，我才放下一颗心。你说，那个时候能懂得什么呢？可是就是怕，怕他从此就不见了，就死了——那个时候，甚至连死是怎么回事都不知道，就已经开始怕死了。

昨天，吃过晚饭，出门散步，忘了带手机。一回家就听见手机拼命地响。赶紧接起来听，是女儿的，她从学校打来，一句话没说出来就哇哇大哭："妈妈妈妈，你去哪儿了！我给你打电话也不接，找你也找不见，给我姐打电话她也不知道，给我姥姥打电话她也不知道，你到底去哪了，呜呜呜……"我又笑又心疼，赶紧安慰并道歉，承诺以后出门一定带手机，她又哭了两声，才心有不甘地放下电话。调出通话记录来看，光她的未接电话就有十七通，还有我侄女的未接来电，我母亲的未接来电。没等看完，她们已经纷纷打电话来问，又是好一番解释加道歉。我的女儿二十岁了，侄女二十七岁，老母亲七十岁，她们也都如我一般，纷纷活在恐惧之中。

这个世界上，有谁不是生活在恐惧之中呢？

那个得马失马的塞翁，他得了马，就陷入得了马的恐惧之中："好事后边是不是连带着坏事呢？"直到他的儿子骑马摔断了腿，他才"如释重负"：坏事已经来了，下面就应该有好事了吧？果然，因为摔断腿，儿子免于服兵役、战死沙场之厄。文章写到这里就没有了，那意思是让我们了解到辩证法的好处：好事里蕴藏着坏事，坏事里蕴藏着好事。可是，他的儿子免于死厄是不是又会让塞翁陷入重重忧虑之中，担心着这个好事又蕴藏着什么坏事呢？他的一辈子，既患得又患失，心里可曾得了片刻安宁？

谁又不像这个塞翁？

富翁担心招贼、绑架；乞丐担心吃不饱、穿不暖；平民百姓担心住不起大房子、吃不起山珍海味、娶不起漂亮老婆。做官的担心纪检委，当兵的担心不能升官。当妈的担心孩子不学好，做孩子的担心爸爸妈妈离婚。打光棍的担心找不着对象；谈恋爱的担心对象出轨……

如果情绪有颜色的话，这股名为“担心”、“恐惧”、“忧虑”的情绪，会汇聚成一条汹涌澎湃的大河，把所有人吞没，从古到今，几无幸免。如果情绪有重量，这股名为“担心”、“恐惧”、“忧虑”的情绪，哪怕在我们金榜题名、春风得意、洞房花烛、故友重逢的大喜时刻，也如影随形，趴在我们的肩上；若是落实在日常的柴米油盐、升迁浮沉，更是加重它的重量，使我们负荷着它，步履蹒跚，行进艰难。

事实上，恐惧与爱好像是一个摆锤的两个方向，这一边是恐惧，另一边是爱。而究其所以，恐惧之由来，又是因为爱：因为爱，所以恐惧失去。我们要做的，就是放下。

放下生活中的焦虑与浮躁、怅惘与绝望，放下尘情世事的烦忧，放下爱情路上的患得患失，放下狭隘的做法和自我膨胀的傲气，放下贪欲，放下思维的惯性，放下沉重的心情，放下想要得到一切的虚荣与坚持，放下日常生存的压力和悲观，放下对生死的执念。

一旦放下，你就赢了。

本书即从我个人的体验出发，从我们的生活出发，解释放下的好处；又在生与死的大命题上，解释放下的道理。相信当我们把这种种恐惧与忧虑都从根底处解释得开，它们便不复存在，生活的分分秒秒，立时立刻，就是我们的黄金时代。

目录
Contents

第4章 减少一分怅惘：沉舟侧畔千帆过，病树前头万木春

第5章 抛开一分烦扰：若无闲事挂心头，便是人间好时节

第6章 看透一分情困：此情若是久长时，又岂在朝朝暮暮

第7章 抛却一分狭隘：且看世间多少事，相逢一笑泯恩仇

第8章 除去一分傲气：人淡如菊难自傲，心素如简韵天然

第9章 拒绝一分贪欲：不为诱饵怎吞钩，不为贪婪岂落网

第 10 章 放下一分惯性：不识庐山真面目，只缘身在此山中

第 11 章 卸下一分沉重：竹杖芒鞋轻胜马，一蓑烟雨任平生

第 12 章 勘破一分成见：所闻岂必如所见，千问只恐知不真

第 13 章 断掉一分执着：所得未必如所愿，心路平处世路平

第 14 章　舍得一分虚荣：荣枯只如花照影，实实在在是人生

第 15 章　消解一分压力：比上永远比不上，比下永远比人强

第 16 章　泯灭一分悲观：人生时时得人意，金樽不对明月空

第 17 章 看淡一分生死：人生自古谁无死，行云流水过一生

第1章

放慢一些脚步：途中自有美景在，鸟语花香处处闻

不是缺少美，而是缺少发现

钱太多，钱就变得没有价值；位太显，位就显得没有价值；日子太多，日子就变得没有价值；工作太忙碌，工作就变得没有价值。这些不是真的没有价值，只是显得没有价值。必须要有一个地方，容得心灵喘匀了气，才会让这些世俗的东西变得有价值。

人生就是一个提着重重的行李赶长路的过程，里面的艰辛自不待言。小人物有小人物的难处，大人物有大人物的难处，每个人说起话来都是一脸的苦大仇深，好像每时每刻脚底板都踩着蒺针，身上又穿着马毛衬衣，扎得人行走坐卧都不安生。

生活美吗？感觉不到啊。其实不是感觉不到，是不肯感觉。

大概前天晚上，下了班，回家。可能吃过简单的晚饭：一碗黑米粥，一个或者两个小面包，也可能没有吃过。总之，餐桌边是干净的，我坐在那里，头顶上洒下来灯光。没有开电视，也没有放歌听，很安静。猫跳到我腿上，蜷伏着。我一只胳膊支着脑袋，另一只胳膊把手搭在桌沿上，猫就把脑袋稍抬起来一点点，搁在我悬垂下来的臂弯。我们两个都不出声。

好安静。

时间像水。

一寸一寸地淌过去。

就为这一刻，好像一年的促迫忙乱都有了价值。

前阵子出差去北京，两天行程安排得满满当当，夜里十一点还在和同仁开会。那么大一个城，顾不上看看北海、颐和园、故宫。坐在回程的车上，沿路见一个地方栏杆逶迤，桥带如虹，冻树瘦枝虬曲，映着苍色的天空。那一刻心“倏”地飞出去，在树梢转了一圈。不看也似看了，一霎抵得数日。觉得来得值。

值，约略是这么一种意思：奔跑着，跑累了，停下来，喘粗气，抬起头，鼻尖掠过一阵微风，似有所觉，似无所觉。可是身体的一个什么开关好像打开了，那一刻，觉得天也在，地也在，云也在，风也在，原来一切都在。这一刻抵得过千里万里，挥汗如雨。

昨天钻了一个地道：黑黑的洞，宽窄仅可容一人行，弯着腰，直身就要碰头顶。有灯，但是灯不亮，不远处一个，再不远处又一个，照得洞明一下，暗一下，明一下，暗一下，明明暗暗地通到不知道哪里去了。

跟着灯走，走到前边，没路了。折回身，不远处有一个岔路口，没有灯，是黑的，刚才没发现。一步一步，小小心心踏过去，试着往前挨。脚底下踏着了水，啪踏啪踏地踩得响，不敢往前走，不走又不甘心，又怕越走水越深，掉坑里怎么办?

心脏像个气球，捏一捏就要爆，呼通，呼通。

还是心一横，手机发出朦胧微弱的光，照着人一脚一脚往前迈过去，水仿佛要没过脚面一般。一步，一步，往前，迈。过了，有水的地方不过一小段，前面是干干的地皮。

仍是没有灯。

洞也愈窄，洞顶也愈低，腰想直也直不起来，后面跟的朋友身形高大，只能折中前行。我需要不断地说话，不然心里害怕。折过一个弯子，灯又重新出现，却是那样黄黄小小，一盏一盏，通向朦胧未知的远方，周遭一片黑暗，电影里那种恐怖的地穴一样，可以上演怪兽与追逐，杀戮与血腥。

往前走不晓得路通不通，往回退难道就好过么？已经走了那么远，四处没有人烟。罢了，横心向前。洞侧又有洞，钻进去探，有台阶，一级一级蹬上去，顶上覆着个上了锁的大盖。没奈何退回来，继续前行，曲曲弯弯，曲曲弯弯。偏偏手机耗电飞快，一会儿，灭了。两个人气喘如牛，汗湿重衫——外面是残雪甫消，满世界的冬天。实在走不动，团下身歇一歇，再努力前行，一边用说话来支撑被压成扁片的精神。

前面又是折路，向右走，堵住了，是塌方，一个圆形的洞口被厚厚的土埋上，掏了一半的土堆在地面，应该是想要重新挖但是没有挖通。没奈何返身，只好往回走，却发现还有一条岔道，不抱希望地拐过去，居然看见天光！

尽头有人声，我们出来了。

出口开在一个青砖墁地的小院，飘满了落叶，院角有一张烙饼样的大碾盘，碾盘上卧一盘圆滚滚的石磨——当年磨米磨面，驴拉着它转，系毛蓝布围裙的女人拿一把笤帚跟着转圈，一边转一边把碾溢出来的粮食往磨道里扫。院落外一径通幽，两岸是夹峙的杨树林。带子一样的小径铺满黄黄绿绿的落叶——风霜雨雪，风也有了，雨也有了，霜却没有，雪就来了，冬天就是这么的任性。如今雪已是化净了，满地的叶子黄。

落叶满阶黄不扫。

这个钻地道的过程，如今想想，又特别像是过了这么久的今生，一直都在黑暗的地洞里摸索前行，想着钻不出来了，吓得要命，可是最终仍旧是钻了出来，出来才发现秋凉叶落，一片萧疏寂寞，然而这种寂寞却又是宁静而美的。回头想想，连在地洞里爬行的一时一刻，也都成美的了。

所以，真要说起来，日常生活，柴米油盐，这事那事挂心，真说不上哪里有多美，好像美好都在过去和未来，而不是现在。可是，现在一瞬间即成过去，于是刚刚还厌弃的“现在”，又成了留恋无比的“过去”，而现在正厌弃的“NOW”，其实又是刹那前还欣望着的“将来”。过去和未来都消解了柴米油盐的促迫和忙乱，却被诗情画意谋占了半壁江山。早知是这样，为什么不在现实中，腾出一点心情，去发现现实中的诗情画意呢？

享受一种过程

实话实说，有的过程确实是无法享受的，没办法，忍着！记得在忍耐的泥土里挖一个小孔，透透气，享受享受新鲜空气。有的过程是可以享受的，那就别客气，每一分每一秒都不要放过，快快乐乐。

享受过程，说得好听。

十几年前，教课教得好好的，一夜之间嗓子坏掉了，别说登讲台，话都说不出来，实在想说话的时候需要这样：张嘴、吸气、皱眉、瞪眼、攥拳，伴随着声音的发出，重重地跺一下脚——跺脚是下狠心：太疼了，嗓子每发一次声音，就像刀片刮了一次喉咙。这个过程，怎么享受？

被逼无奈，开始写作。有一次，把从一本书里看来的一小段情节拿来作为一个引子，引发出一个道理，写成一篇文章，然后就遭了一群原作者的粉丝围攻，被骂抄袭。骂还不成，继之以人肉。整天被攻击、侮辱、谩骂，这个过程，怎么享受？

我心里委屈，拿去问编辑，编辑说这个怎么算是抄袭；又去问律师，律师眼睛亮了：你这个不是抄袭，他们涉嫌诽谤，我帮你打官司吧？告他们！都是十几岁的青年人，要接律师函，接法院的传票？传出去，对他们的声誉岂不是损伤？都是和我女儿一般年龄的孩子们啊，值得么？

罢了。这口气是忍下了，可是这种百口莫辩的滋味，怎么享受？现在网上搜名字，还能搜出一大片侮辱和谩骂的言辞。天生不善抗辩，长不出尖牙利齿，只好任他们横行无忌——一个女生逛商店，被店主把视频截放在网上，说她偷衣服，然后求人肉，果然被人肉出来。这个女生跳河自杀。这种情况下，要宣讲说享受过程是不人道的，这个过程就是没办法享受。

但是，有的过程是可以享受的，或者说，人生的很大一部分过程，都是可以享受的。嗓子坏掉后，被安排进学校的图书室，来的人甚少。一排排一架架的书，夏天风扇在头上嗡嗡转，愈发显得屋里安静；秋天窗外落叶铺满，冬天可以看着雪花片片飘落，春风送暖时，又有软花初绽。焦灼的心情逐渐安定，书里的世界冲我打开大门，我像只饕餮，吃起来没个完，这个过程，真是享受。

吃得多了，撑得慌，就想写。白天或者深夜，敲击着键盘，看着文字一行行流出来，再一点点精心打磨修改，像是把一个黄毛丫头精心打扮成美少女，穿戴整齐，容颜光鲜，竟像是饿了三天吃了一顿饱饭一般的满足和享受。因为有了这份享受，所以受到攻击、谩骂、侮辱，也就觉得不那么难以忍受。

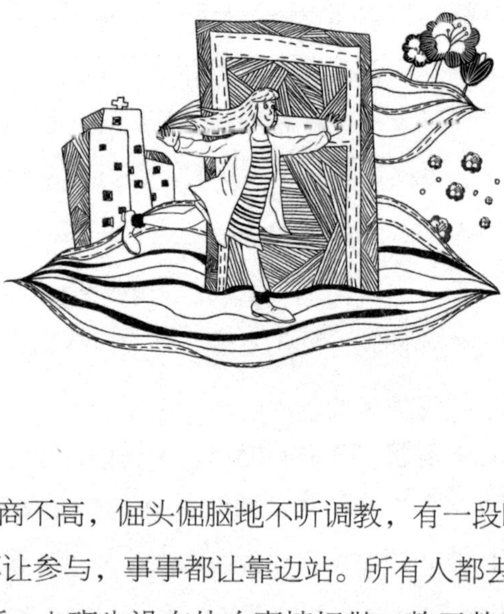

就因为自己拙于言辞，情商不高，倔头倔脑地不听调教，有一段时间很不受上司待见。大型活动也不让参与，事事都让靠边站。所有人都去忙了，自己上班，下班，打饭，吃饭。上班也没有什么事情好做，整天整天地看书，写东西——已经出版的两本书，就是那个很短的时间内写出来的，那个过程简直是，太美妙了！

还有一次，临近年底，日程表排得像富家女的嫁妆箱子，绫罗绸缎满满的插不下手去。整理年终参选材料，把厚厚一大摞杂志和报纸搬过来搬过去，一张张复印，理好，装订，一边叹气一边嘟囔"浪费生命"；写年度工作总结，事无巨细，把沉潜的统统捞起；教学论文要写，课件要做，床头案上新旧书堆盈，《信仰时代》刚刚看完，《全球通史》才读了一半，脑子里一边装着中世纪的僧侣和教士、农民和市民，一边电话在不断地打进来……

回家，吃饭，开电脑，白天工作告一段落，夜间工作刚刚开始。开网页，去几个每日必去的网站做一番必要的浏览，领导交派下来的稿子马上就要到期，得抓紧，两万字要三天之内搞定；小企鹅拼命在下边闪闪烁烁：约稿，约稿，约稿……每一个单子都近了，迫在眉睫。冷水洗把脸，长出一口气，屏气敛神，我要拼命了！

啪！停电了。

欢呼一声，一蹦而起，飞快钻进被窝。那时候孩子还小，还没睡着，一见我来，牵牛花一样就绕过来了，小胳膊小腿像嫩藕棒，一边缠住我一边把毛茸茸的小脑袋偎进我怀里。一屋子黑暗，阒无人声，把孩子搂在怀里，静静躺着。是的，又一个夜晚将被虚度，又有一堆工作无法按时完工，明天又得加班加点，可是这一切又有什么关系呢？当下多美好。当下的黑暗多美好，当下的安静多美好，当下的小女儿多美好，当下的把主动权出让之后的无能为力多美好。

所以说，享受是一种态度：能享受的时候一定要享受，不能享受的时候，创造条件也要享受。享受得多了，大概就能恋生而不慕死，柔韧而坚强地活着。

万物静观皆自得

越沉浸其中，越失却冷静。得则狂喜，失则狂怒，脏腑失调，英年早逝。所以，我们需要静。对事物保持一种静观的态度，对自己保持一种静观的态度，这样有助于我们出离，不致于不识庐山真面目，只缘身在此山中。

有一次在茶室，和朋友说笑，却一刹那间听见一声琵琶音，“铮”的一声，一下子魂飞天外，大概不过一闪眼的时间，却觉得足足过了两个钟点。那感觉真是不常见。

此前更有一次，一个人在图书室，恰好读到“一切声，是佛声，檐前雨滴响泠泠”，结果揉揉倦眼，看窗外骤雨初歇，真有一滴檐前雨啪地掉下来，在石台上摔得清透碎裂，一时神魂俱飞，只觉自己就是那滴雨，连那掉落时的失重感都感觉得清清楚楚，无法忽视。

所谓的静观，就是指的会体察。是不独山川景物可见，心里的风晴雨雪也可见；不但地形起伏高低可见，人的升迁浮沉可见，心里的升迁浮沉也可见；不但过去可见，现在可见，未来也可见。

前者要见，只要观就可以了，不需要静；后者要见，那就需要一颗心静下来，才能看得见。甚至即使是前者，如果心不静，也会视而不见。

心静是什么感觉？

唐人杜牧九月从浙江出发，要到长安当官，一路上也不着急，游游山玩玩水作作诗，抵达目的地已经是十二月。杜牧的心就是静的，如果不静，早骑着马飞奔而去，坐堂、洒签、打人、当官老爷，山山水水算什么劳什子，诗又算什么劳什子。

白居易有首《问刘十九》："绿蚁新醅酒，红泥小火炉。晚来天欲雪，能饮一杯无？"两个好友对坐，小酒慢慢喝着，有话慢慢聊着，友情就那样一点一滴地，积攒起来了，这一对朋友的心，也是静的。

柳宗元的"孤舟蓑笠翁，独钓寒江雪"，就活画出一个悠闲垂钓的老渔翁，他的心如果不静，何苦跑到江上受这个冻。

《儒林外史》写到两个低级佣工："日色已经西斜，只见两个挑粪桶的，挑了两担空桶。歇在山上。这一个拍那一个肩头道：'兄弟，今日的货已经卖完了，我和你到永宁泉吃一壶水，回来再到雨花台看看落照。'"货卖完了也不急着赶回家，这两个兄弟的心，可真是静啊，不是急着赶回家数钱，还要跑去喝茶看夕阳。

《追忆似水年华》的作者马塞尔·普鲁斯特患有慢性哮喘，年纪轻轻就是个病人，过着寂寞的隐居生活。长年累月囚禁斗室，不能活动，他的心要是再不静，憋也把他憋死了。诚然，他也憋闷，不过，他却想出了消遣憋闷的法子，那就是躺在床上，静静回忆过去，回忆着回忆着，这部作品就被他回忆出来了："我的视力得到恢复，我惊讶地发现周围原来漆黑一片，这黑暗固然使我的眼睛十分受用，但也许更使我的心情感到亲切而安详；它简直像是没有来由、莫名其妙的东西，让人摸不到头脑。我不知道那时几点钟了；我听到火车鸣笛的声音，忽远忽近，就像林中鸟儿的啭鸣，标明距离的远近。汽笛声中，我仿佛看到一片空旷的田野，匆匆的旅人赶往附近的车站；他走过的小路将在他的心头留下难以磨灭的回忆，因为陌生的环境，不寻常的行止，不久前的交谈，以及在这静谧之夜仍萦绕在他耳畔的异乡灯下的话别，还有回家后即将享受到的温暖，这一切使他心绪激荡。我情意绵绵地把腮帮贴在枕头的鼓溜溜的面颊上，它像我们童年的脸庞，那么饱满、娇嫩、清新。"

能用这么多的文字、这么悠细的笔调写这么寻常的一个小情景，他可真是闲得可以，也静得可以，所以他可以看到我们都看不到、体察不到的东西。这些东西落在纸上，就成了经典。

人活一世，不好好享受生活，被快节奏的生活方式牵着鼻子走，太吃亏了。如果生活快你的心也快，那完了，肯定是春天听不见鸟声，夏天听不见蝉声，秋天听不见秋虫唧唧，冬天听不见落雪温柔地簌簌而下。白天听不见别人下棋怦然而响，月下听不到箫声宛转悠扬；山中听不见松风阵阵，水边也听不见橹声欸乃。所以，可千万不要饮食是“快餐”、娱乐是“快餐”、阅读是“快餐”……快快吃完，快快工作；快快干完，快快休闲；快快读完，快快卖弄，什么都快了，就像一条小溪的好水被一辆大汽车轰隆隆拉到海边，一股脑倒下去，不但是十足的煞风景，更是十足十的浪费生命，“欲速则不达”。

静观就是暂时入了一个忘“我”之境，忘了关心米面菜价多少钱，股票是跌是涨，官位能否亨通，人际关系润滑到不到位；却跳出来一个被烟火红尘俗世遮蔽的真“我”。

《与神对话》里面有对“静观”的最经典诗化的解释：“你环顾四周，缓缓的，注意到你原先走过而未曾注意到的东西：雨后泥土的气息、你所爱的人左耳上覆盖的卷发。看到小孩儿在玩耍，这是多么的美好啊！……当你在这种状态中行走，你会闻到每一种花的芬芳，你会跟每一只鸟儿同飞，你会感觉到脚下所踩出的每一个嘎扎声。你找到了美与智慧。而美处处在形成，由生命的一切材质在形成。你不需寻找，它会自动向你走来。”

这，就是静观的奇妙所在。

让心开花

壁上有画，龛里有花，炉中有焰，杯中有茶，可以净心。就这样一半尘内，一半尘外，让人有泪可落，却不悲凉，有话可说，而不绝望。

几年前，女友来访，共爬城墙。本是踏春，来早了，春只伸来一只脚，高高的城墙上除了衰草还是衰草。偶见几株榆树探身探爪，只有一株醒得早，率先长出榆钱，像猫刚刚睁开半只眼。一个女友折几枝放进包里，说要带回去给儿子吃。

玩一圈儿回我家，摆开架式喝茶。玻璃杯泡龙井，透明的杯子冒热气，蒸出茶的香。折榆钱的女友有自己的烦心事，单位初成立，一切尚未定形，每天忙忙碌碌，上传下达，却没有一件事情是有用的。当年读研究生的学问如今全部搁置，像好胭脂沾染了灰。

另一个女友是个乐天派，结果她也有自己的烦心事，机关里整天人浮于事，每天都是浪费生命，还居然有人趁她和丈夫分居两地，打她的歪脑筋。

好像我的烦心事更大。捱不过的长夜漫漫，质疑婚姻，质疑事业，质疑人生，质疑生命，一切都拿来质疑了，连倾诉的欲望都消弭殆尽，每天像地老鼠钻进坑洞，泥土壅塞住了耳眼，只愿意让自己快快沉入黑暗。这样的话说出来没有人听，闷在心里又沤烂生虫，咬得整个人都千疮百孔。

想着别人都活得好，现在这两个家伙坐我面前，才哭笑不得地发现，人家骑马我骑驴，我比人家我不如，回头看一看，还有挑脚汉，比上不足，比下有余——各各的危机深重。

一时有些冷场，已是黄昏时分，天色有些发阴，我打开灯，灯管的冷光铺满桌面。

过了一会儿，女友拿过包，从里面掏出那几枝半开的榆钱，黑黑的枝子上几星绿点点绽开，她拿一只盛水的玻璃杯，把这几枝榆钱攒在一起，左摆弄一下，右摆弄一下，然后，居然成了一束花的模样。

很好看。意想不到的好看。

今天一天的聚会，爬城墙、逛寺院、吃我们本地特产的八大碗，都是虚的、浮的、热闹的，这束不起眼的榆钱花让这一天有了核，有了心。其实，人心就是这样吧，很热闹地走着路，很辛苦地做着工，很孤独地爬着山，一转头间有一时旁逸斜出，思绪卷啊卷地卷成一朵花，挑在登山的杖尾。心开出了花，多好啊。

千利休是日本织丰时代的茶师，一次春天茶会，丰臣秀吉找来一个铁盘子，里面盛满水，然后拿了一大枝梅花，让利休当众表演插花。自古以来，花瓶都是筒，盘子里插花算怎么回事。结果利休却从容拿过梅花，一把把揉碎，让花瓣花苞纷纷飘落于水面，之后将梅枝斜斜搭在盘边。同座人皆目瞪口呆，仿佛这样的美有毒，叫人深吸一口气，却忘记吐出去一般地窒息。这样的插花得是有心人才能盘弄得出来，这样的心思也得忙忙地走着人生长路，还有闲心思东张西望的人长得出来。“闲”这个字，不是手闲脚闲，是心稳心静。

入夜，女友告别，家中停电，家人都已安睡，一个人躺在床上，在寂静里漂流。鲁迅先生说他在朦胧中看见一个好的故事：河边枯柳树下的几株瘦削的一丈红，大红花和斑红花都在水里面浮动，缕缕的胭脂水，茅屋，狗，塔，村女，云……没错，一个好的故事，我也看见了。白天那束榆钱花，和如今这场不期然的黑暗和稳静，似乎成了一种象征。

茶心禅意，如花似玉。错了，非茶有心，禅有意，而是人长了一颗花的心，才能看见几瓣落梅铺陈开的万花如绣，一束榆钱延展出的新绿花海。它是生活中的小细节，烦恼中的小清明，大气候下的小温暖，大灰暗中的小明艳，却是可以如花间露珠，映照整个清明的世界——它是我们永远不老的青春。

世界就是你的大花园

> “闲”不仅是身体的慵懒或放纵，更多的是通过审美，得到精神上的放松与提升。想要有这样的“闲”法，就要长一双善于发现美的眼睛。

我居住的城镇，鲜花鲜朵的不是常年四季开，树倒是常年四季有。

前几年，每天上下班，都会见到一排阔叶梧桐，在便道上列兵似的站岗，搞得我像一路检阅的首长。有一棵树既不是排头，也不是排尾，却因为自身条件的突出，抓住了我的目光。

它长得太帅了！

大的，梨子样的树冠，像被挺拔、修长的树干捧出来的绿脸，北边略瘦，南面丰满。片片绿叶迎风招展，你冲着它走过去，它就会在眼前越来越大，越来越深，好像藏着无数时光的秘密不肯讲给你听——一颗充满神秘感的男人心。

别的树和它相比，有的太粗了，有的太细，有的树冠形状不整，像街头混混，没有正形，有的又太拘谨，抱着肩笔直地往天上钻。统统没有它大方、自然、安详、深沉。

如果它是人，想来未必英俊得逼人眼，却内里的气度动人心，所谓“谦谦君子，温润如玉”。我一定会爱上他，一定。可惜世上还没有这么完美的男人，这个完美的男人变成树了，谦谦君子只不过是它的前世，或者来生。不要紧，就算它是树的形体，我是人的模样，照样可以用我的灵魂，爱上它的灵魂。

如今我工作单位变动，很少再看见它。不过好看的树还有很多。出差，走在路上，这样光秃秃荒寒枯瘦的冬季，田野里、村道边排排阵阵的白杨和野槐。野槐卵圆的碧叶已经落尽，唯余细密婉约的枝子，在青苍的天幕下画出一团水墨画般的淡影。寒冬里的白杨树，一根根树枝既不攒三，亦不聚五，只在各自的位置上，用细细的枝尖沉默地指向天空，整棵树看起来像一个五指指尖向着天空并拢的手掌。

就在这时，竟见一片杨树林，可煞奇怪，每棵树有那么多细枝子，竟都有那么一两根枝子上，每枝顶一片叶子。真的只一片叶子，却零零落落地在寒风里抱着枝头摇摇摆摆，像一只只小鸟，伶仃的细脚踩着细细的枯枝，唱着人听不到的细细碎碎的歌子。

而这一丛丛的枝子，又抱紧了树的身子，像是一具完整的鱼的骨架，直直地竖向天空。

叶鸟鱼枝，天下竟有这般普通又奇妙的景致。

所以，若说居处逼仄，人生晦涩，种不了花花朵朵，其实也不怕的，只要你肯，世界就是你的大花园。哪怕永远有书要看，也永远有文字要写，想要真正有大块的时间闲下来，几乎是不可能。在这个大花园里，你可以随时见一棵树美，一朵花美，天上一片流云美，甚至有一次夜半醒来，透过窗帘的缝，看见外面的大月亮，那么明晃晃，舍不得睡，看了好一会。欣赏这些美，就教自己于忙忙碌碌的劳作之际，有了丝丝缕缕喘息的机会。

第2章

去除一分浮躁：纸上得来终觉浅，绝知此事要躬行

先搬山，后摘花

愚公移山，是他一点点挖下来的土石，再一点点地往外运，自己不行，还有家人，一代人不行，还有下代人。全靠了这份精神，才能够把一件事情做得成。世上的事，哪一件做起来不需要这种踏实和执着的精神呢？

大约二十年前，我在一所乡下中学教书。

有两个学生给我印象很深刻。

一个男生。黑瘦的瓦刀脸，小平头，不爱说话，看起来笨笨的。别的男孩子都像一团风，被生命力鼓荡得一会儿呼啸到这儿，一会儿呼啸到那儿，就他，走在路上，蚂蚁都不会碾碎一只。不是说慢，而是说走路都能细致出花儿来。一根柳树枝儿挡在他的眼前，换别人早一把掀得远远的，他不，轻轻拈起来，放到身后，一片柳叶、一茎柳毛都不会伤到——我初见这副景象，都看呆了，当即决定把副班长的位置交给他坐。一个班的副班长，往大了说，其实就是一个国家总理的角色，事无巨细，都要求两个字：妥帖。这孩子别的本事我不敢说，这点绝对错不了。

事实证明，他也确实干得有声有色，因为他永远都是把工作战战兢兢地捧在手心里的，就像捧着枚脆薄的鸟蛋似的，生怕用劲儿大了，磕了，用劲儿错了，摔了。

一个女生。长圆的一张白面，细长的丹凤眼，长得很是漂亮。人缘也好，好像一块温暖的鸡蛋饼，谁见了都觉得是好的，香的，可口的。所以她总是很忙碌，今天和这几个人一起做作业，明天和那几个人一起跳皮筋，甚至还有为她“争风吃醋”的。

她平时没见多用功，课业居然也不错，这就是天资的原因了。就有一点，干什么事吊儿郎当的，总能找到一百条借口往后拖。

有一次，我给两个人同时布置任务：每个人给我交两篇作文，一篇写人的，一篇写景的，我要拿去代表学校参加省级学生作文竞赛。结果男生的作文很准时地交上来，用那种白报本，在页面上按五分之三和五分之二的分界画了一道竖线，左边是他的作文，右边是空白，随时备我批注。很干净，很漂亮。

而最后时限都过去两天了，女生才把作文交到我手上，是那种潦潦草草的急就章，上顶天下立地，跟下斜雨似的，别说我批改了，遍纸泥泞，连下脚的地方都没有。我的脸黑了：这几天干吗了？她就红了脸笑：她们找我玩……我无力地挥挥手，打发她走。人生一世，长长的几十年，人际关系像既长且乱的海藻，准有把你拖缠得拔不出腿、脱不开身的一天，你的生命中，有多少天够这么挥霍的？

十五年后。今天。

一群学生来看我，那个男生也来了，他已经是一所市重点学校年轻有为的副校长，沉稳细致的作风一直没变，只是风度俨然，男人味像好檀香，被岁月一丝一缕都蒸出来了。女生没来，她本是一所名不见经传的普通学校的普通老师，而且刚刚被“踢”到一所更边远的学校去，正忙着搬家呢。我问：“以她的灵性，教学成绩不会差呀，怎至于到这地步呢？”同学们说：“哪儿呀。她整天晃晃悠悠的，也不正儿八经地干工作，连着三年学生成绩都是年级倒数第一的。”

我没话说了。

“晃晃悠悠”，真精确。

通常，我们都不大看得起那种生活态度过于郑重其事的人，觉得他们笨，捧枚蛋像座山，透着一股子憨蠢；最羡慕那种做人做事潇潇洒洒的，好比白衣胜雪的浪子游侠笑傲江湖，浪漫、诗意。可是，所谓的潇潇洒洒，放在现实生活中，可不就是“晃晃悠悠”，凡事都不放在心上，凡事都觉得稳握胜券，就是一座山，也可以用一根小尾指轻轻勾起，抡出八丈远……

哪有那么便宜的事，都是浮躁惹的祸。

人的力气是随练随长的，假如一直举轻若重，到最后说不定真能举起一座昆仑；若是一直晃晃悠悠，到最后，恐怕举一根鹅毛都得使出吃奶的力气。这既是不同人的两种不同态度，前一种人赢定了，后一种人必死无疑；又是同一个人的两个阶段：只有第一个阶段举轻若重，才轮得到第二个阶段谈笑间对手帆坠樯折；若是这两个阶段倒过来，“晃晃悠悠”的坏习惯则如泥草木屑，越积越厚，变成石头，砸肿自己的脚面。

生命促迫，不可回头，举重若轻者，搬山如摘花；举轻若重者，摘花如搬山。年轻的朋友，无论课业还是做事，都请千万要存一颗郑重的心，先学会用搬山的手势，摘取眼前的花朵。

生活是可以改变的

> 生活有种种范型，说不上对与错、好与坏。适合自己的就是好的，却偏偏有许许多多的人，去追求那不适合自己的。

一个女友，不仅嫁的老公矮丑，而且坐在一个地方，腿抖个不停，让人想起来一句俗话“人摇犯贱”；说起话来，嘴动个不停。她是大学毕业，他却才是初中文化，连平常的字都认不全，每天最大的娱乐就是看八卦电视。她经历过一次情伤，然后仓促下嫁，一脚掉进深坑。

而且这个原本只是一个普通工人的老公，竟然还要下岗了。

她这个悔的呀，没法说：别人的丈夫高大威猛、深沉有气质就不说了，别人的丈夫出有车、食有鱼，也不说了，别人的丈夫意气风发、颐指气使，也不说了。这些都算了，真的，都算了。可是，干吗偏偏自己的丈夫就连一份平淡如鸡肋的工作都保不住呢！

她第一次感觉后悔的时候，抱着才几个月大的小女儿在冰凉的地板上坐了一夜。那时，她逐渐从结婚的热情中清醒过来，看清了眼前这个人的无聊的真相。但是，她按捺下了离婚的冲动：眼前的女儿好小啊，手掌那么一点点大。真的连个完整的家都不给她吗？

到她第二次感觉后悔的时候，则是她认清了眼前这个人无能的真相。而这中间，争争吵吵的，已经十年过去了。

十年里，这个人说话不咸不淡，挣钱不多只少，做事就低不就高，在这个铁流一样奔腾不息的社会里，只能做一颗随时被烧毁的小草。现在好了，居然要下岗了。干吗要和这个连自己的工作都保不住的男人过一辈子呢！当初的结合就是个错误，后来的迁就和优柔也是个错误。

她的肠子都悔青了。

那天晚上，她破天荒头一次不和他同床共枕，跑去和女儿挤在一个被窝里。小女儿把自己睡得像螃蟹，胳膊腿横着来，小屁股毫不留情地拱得她倒弯过来，她左扭右扭也找不着合适的姿势，被子也被孩子踢开，正丝丝往里灌着冷风，骨头开始痛。往常这时候，她已经安然入睡，现在却大睁着眼睛，无可奈何地看着时间一分一秒地过去，外面月亮高高挂起来。

他知道她睡觉的时候，喜欢把自己包得密不透风，像只蚕茧，他就专等她拖着疲惫的身体躺下，然后温柔细致地把每一寸被子都给她包裹得严严实实。他知道她不喜欢他冲着她出气，因为她觉得自己吸进了大量二氧化碳，马上就会觉得窒息，于是他平躺时也会把脸很别扭地扭向一边去。早晨，他知道凌乱的被窝会让她心烦意乱，无法安睡，所以他就每天起床后再给她把被子重新折叠和平铺一次，看她重新舒适地朦胧睡去，他才放心上班去。

是的，他知道她的骨头爱痛，知道她神经衰弱，知道她有洁癖，知道她的疏懒和大意，知道她的一切毛病，并且肯迁就，肯委曲。他对她的了解和默契，已经渗透到生活的每一寸每一丝。

也许，生活真的是可以改变的。她想。无论在哪个关口，只要自己一哆嗦，就可能把生活变成另外一个样子。谁知道呢。也许会变得更好，琴瑟和谐，阳春白雪。可是，也许没有谁会尽心尽意地记着自己的口味了吧，没有谁再能容忍她这样肆无忌惮地冒犯而海一样地包容了吧，谁会再有这样细致妥帖的爱，来对她呢？就算真有这样的男子，谁心里没有一份沧桑是别人走不进去的？自己还要打破一切，从头开始，再用上十几年来建立一份感情，重新走进一个人的世界，重新和一个人丝丝入扣，俯仰合拍，自己真就老得不能要，也真是老得没有精力了。

如此说来，生活还是不变的好。

——她对我们念起两句诗：

“生活是可以改变的，

而许多时候，我们真的没有理由，

将它改变。”

不必像蚂蚁那样生活

> 长久以来，“勤劳”都是一个好词，它是对辛苦工作的人的褒奖，也是对懒汉的一种激励。可是，我们却忽略了它背后的负面影响：它逼迫我们在恐惧的驱策下不情不愿地飞奔。慢下来，停一停，不要紧。

吃饭的时候，大家聊天，一个朋友说，以前穷得紧，一个出过国的邻居对他说，外国人天天吃鸡蛋，听得馋死了。于是他就发愿，说什么时候我挣了钱，要把第一个月的工资全部买了鸡蛋。现在他四十有余，一个月的工资买一卡车的鸡蛋都富富有余。可是，他说，他不幸福。一个鸡蛋的幸福已经不存在，现在所有的鸡蛋也无法把自己的幸福增加一分了。什么都有了，可是快乐没了，幸福没了。

这个朋友又说，我有好多朋友，他们全都有钱，有名誉，有地位，有漂亮妻子和孩子，可是，他们说起幸福来的时候，眼睛里全都含着泪花。把他们的所得和所失放到天平上去称，所得那一头只有轻飘飘的空气。

小时候，有一次看见一只蚂蚁衔着一粒麦子死命往自己窝里拽，地上坑洼不平，那家伙真称得上是逢山开路，遇水架桥，回家的路程那样的漫长而曲折。到它到了洞里，我都替它松了一口气，心想，这下该歇歇了吧。哪里知道，一转眼的工夫，大概连擦把汗的工夫都没有，它又匆匆忙忙地出来了。这次它把一只硕大的蜻蜓翅膀像孙悟空扛那把缩不回去的芭蕉扇一样给举回来了。简直跟地主老财似的，聚敛无度。

我还看见过更傻的，那是一只屎壳螂，大概所有的屎壳螂都这么傻。它们用像铲子一样的前爪把粪一点点收集起来，拍圆，修理光滑，然后开始咕噜噜推着粪蛋上路。乡间土路，人脚尚且不好走，更何况对于一只推着辎重的虫子。下坡可以，到了上坡，手不够用了，它就用脑袋顶，屁股撅起，一点都不惜力。可惜，一下子顶歪，粪球滚了下去，它会一路追赶，然后掉头再推、再顶，如是反复，乐此不疲，或者疲倦了但是并不打算停下来，谁知道呢。

眼下这一堆堆的人，包括自己，哪个不像那只蚂蚁？我甚至更像那只屎壳螂。心里时常会有一种急躁：时间不够了，来不及了，多做一点，多做一点。

很久以前，看到报纸上一句话：你如果二十岁不年轻，三十岁不强壮，四十岁不富有，五十岁不睿智，那你这辈子就别想年轻、强壮、富有和睿智了。号令一出，人人狂奔。真的，脑子里念头在疯狂地旋转：快，快！不年轻就来不及了！不强壮就来不及了！不富有就来不及了！不睿智就来不及了！

而当年年轻的张爱玲，也在出名的路上狂奔，我好像也听到了她的脚步踏出的急促的节拍："出名要趁早，晚了就来不及了！来不及了！"

读到一篇文章，一个美国人，有家，有妻有子有房有车有工作有地位，什么都有了，那是他多年奋斗的结果，但是他却在自己的生命最强音处戛然而止，不肯再向前迈动一步。他来了个人间蒸发，在他乡的一个僻远小镇过起了流浪汉的生活，唯一陪伴他的是一把轻便折叠椅。每天他就是这样默然端坐，看着面前行色匆匆的人流，靠人们施舍的一点小钱维生。水样的光阴里他做了一个懒汉，不再被洪流裹挟而去，却坐在那里，任凭时间滑过身旁，带走属于他的一个又一个岁月。事到如今，与他休戚相关的，只有流云和微风。

这个人真有胆量。每个人都做勤劳的蚂蚁的时候，他选择了和命运讲和，不做蚂蚁，放下肩在肩上的行囊，脱掉火烫的落满征尘的红舞鞋，抱膝坐在慢慢流过的光阴里，再也不肯跳舞。

——什么时候，我们也放下肩扛的粮食、手下的粪球，脱掉脚上的红舞鞋，安安静静地帅一会儿？

一切如常是最好

走到人生巅峰又怎么样呢？每天被聚光灯笼罩又能怎样？可以指挥千军万马又能怎样？古人总结出来的规律太真实，也太刻薄："眼见它起高楼，眼见它宴宾客，眼见它楼塌了。"与其如此，倒不如简居布衣好得多。

我不懂绘画，所以第一眼看见挪威画家爱德华·蒙克的《Scream（尖叫）》的时候，着实吓了一跳。不安的线条、地狱般的色彩、焦虑和恐惧的人；痛苦欲喊无声，生命只能在张大了尖叫的嘴巴中找到出口。

为什么我感觉很多人，都像画布上的这个人的状态呢？

一个写诗的朋友半夜两点打电话，说"我得了忧郁症，救救我"。喝过酒的声音给扭曲挤扁，听上去痛苦不堪。真是，有房，有车，还有个好老婆——看来人的心理状态真的不是生存状态可以决定的。这一刻感觉他就像画布上那个人，捂着耳朵，既几乎听不见那两个远去的行人的脚步声，也看不见远方的两只小船和教堂的尖塔，一个完全与现世隔绝的孤独者。

看来人无论走到哪一步，哪怕到了巅峰，一样会存在孤独，甚至越是攀爬得高，这种精神的危机越致命。可是无论怎么致命，人都是包在一个铁壳子里，或者像下锅煮的螃蟹，五花大绑，是那种连喊都喊不出来的苦处，据说这就叫教养和风度。于是现代人的尖叫都异化了，变成婚外恋、摇头丸、看恐怖电影、醉酒当歌。我感谢画布上的这个人，他帮我们完成了各自的尖叫。

其实，朋友诉说他的孤独的时候，我也在孤独着，明明手中笔挖啊挖的，想挖出个出路，却挥汗如雨也挖不到最深处。走在路上，行人熙熙攘攘，却没有一个人有和自己相合的气场。人与人之间的关系大概就是这样，隔河相望，无舟可渡。所以你看画布上那扭曲的桥上人，双手捂面，目光无着，脸和嘴巴都被无限拉长，继而融入天空暮色的大旋涡，跟个诚恐惶恐的鬼似的，因为存在的迷失境地而惊骇着。然而尖叫者身后有两个衣冠楚楚的人走过，对他毫无同情，甚至好像听不到任何叫喊。

除非自救，无法解脱。

有位作家说："有时我奇怪，所有那些不写作、谱曲或画画的人是怎样做到得以逃避发疯、忧郁、惊恐这些人类境遇中总是存在的东西的。"换句话说，人类境遇中总是存在着这些忧郁、孤独、惊恐的原始情绪，但又可以通过写作、谱曲、画画、种土豆、绣花等无数选择纾解。所以梵高的画画和卡夫卡的写小说是一种内在情绪的外化与宣泄，如果不去画画，不去写小说，可能他们还会有一个更坏的结果。我也相信，虽然史铁生的《我与地坛》里充满了孤独与寂寞，但是在写出来的那一刻，他是平静的。在病苦中想起地坛里的雨燕高歌，土坷垃也蒙上一层金色的光线，还有那些苍黑的古柏和草木泥土的气味，即使缠绵床榻，心里也升起一片清明的安宁与平和。

所以当这个朋友再来"夜半歌声"，并且很认真地跟我说："诗歌害了我，诗歌让我孤独寂寞，我以后再也不去写诗了。"我就更加认真地说："写下去吧，如果不写的话，你会'疯'得更厉害的。"就像爱德华·蒙克，亲人丧亡，打击深重，若不把心中郁积的体验涂抹在画布上，谁也不会知道最坏的结果是什么。

一直觉得人分三种，海陆空。大部分是“陆军”，脚踏实地，柴米油盐；一少部分是“空军”，灵魂在天上飞，湛蓝、明亮、丰盈，像丰子恺和李叔同；还有更少的一部分人却是潜水艇，在深海幽禁，迷失、昏暗、看不见光线，比如梵高和像卡夫卡，和画《尖叫》的蒙克。也就是说，在投身艺术的过程中，有人上升了，有人下沉了。

无论上升还是下沉，做鱼还是做鸟，投身艺术必将耗尽精神和生命，出离烟火红尘即需承担天上地下的清冷，都不如做一个平平凡凡的“人”来得幸福。反正世界永远存在，天地永远摆在那里，那么，又何苦非得上天入地，横渡荒寒寸草不生的沼泽？我更愿意看到朋友和我略有点墨，又能老老实实脚踏这一小片地面，体壮而健，心怡而康，然后放眼四望，一切如常，抬头看得见星光，低头看得见海洋。

功夫在墨外

有的人把功夫下在这个“墨外”，从生活中汲取无数的营养；有的人把功夫下在了那个“墨外”，渴望从生活中得到更多的名利。可是功夫不到，名利何来？这个世界真就那么不懂事，不分青红皂白？

这个人让我写写他，他说：“你好好写写我吧。写一篇特殊的好文章，在全国发表，这是造福全县人民，也是造福全省人民的大好事。”然后琢磨了那么一两秒钟，从他的手提兜里拿出一幅字：“我送给你一幅我的书法，你观摩观摩。”此前，我手里捏着一张他给自己印的宣传页，上面满满都是他的墨宝。

我是在本地政府门口碰见他的，他叫住我，说：“你不是那谁谁谁？”我说我是那谁谁谁，请问你是谁，他不说，而是开门见山：“现在县委书记、县长、政协主席、纪检委书记都有了我的字了，但是县委书记还没有接见过我，我今天是想通过他的办公室主任接见他一下。我前天上了咱们县电视台的头条，你见到没有？”我摇摇头，“我不怎么看电视。”“哦，”他略显遗憾，说，“市里的报纸也报道了我的事迹，省电视台的一个编导也非常看好我。”一边说一边赐我一张宣传页；然后又问我做什么，我说我在纪检委编书，他眼睛猛的一亮，啊，你跟着王书记干呢，大概觉得我有资格了，就赐我一张墨宝，让我写写他。

我一边走一边看他的宣传页，微有些气恼：欺负我不懂书法吗?

说实话，不好。

王羲之的书法好不好？我看《兰亭序》，会油然生“死生亦大矣，夫复何言”的悲凉感觉。那份士子的洒脱和无法从生死解脱的淡淡忧伤让人沉沦；我看颜真卿的《祭侄文稿》，那样的黄钟大吕，那样的黄河狂泻，那样的悲愤狂怒无释处，一边看，手指头一边哆嗦；一个女友发给我一张在怀素的草书前的留影，我只看见了他的草书的照片，就那样“轰”的出了一身白毛汗。

好，有时候就是那么霸道。

为什么会那么好？一个古代有名的书法家传授经验，说我写字为什么会比别的人略好，那是因为我晚上睡着觉都想着写字。想到一个笔画怎么写，就在黑暗中以手作笔，在衣服上划，天长日久，衣服都给划破了。关于书法的典故太多了，王羲之教育儿子，要想练好书法，且先把十八口大缸的水都用来写字，水写完了，字才能有骨架——他都不敢说写好；他又为了写好“之”字而养鹅，鹅脖子动来动去的，他写的“之”字，就无一雷同了，不信你看他的《兰亭序》里的“之”字，整整二十个，没一个重样的；唐陆羽

《僧怀素传》中写怀素“贫无纸可书，尝于故里种芭蕉万余株，以供挥洒。”

犹记得当年自己学写硬笔书法，一个横的笔画，写满满一大页八开的白纸；一个悬针竖，写满满一大页，垂露竖，写满满一大页；长撇，短撇，竖撇；长捺，短捺；横折弯钩，竖折弯钩，说不清写废了多少张纸。看见谁的字好，盖上白纸，一笔一画地摹。觉得哪个字怎样写比较好，就狂喜不禁，在纸上、桌子上、本子上，用手、用笔，那么一遍遍再一遍遍、又一遍遍。

就这样，写出来的字不敢给人见，怕惹人笑。这个先生是有多大的自信，敢把这样的字制成宣传页，广为散发？字不丑，不是时下流行的那种丑字，它就是没有功夫！一个同事天天练书法，他写废了的草稿都比这个有功夫。

这个先生的功夫不在墨里，在墨外。

写字、画画，下的须是静功夫，心静如水静，蓝天白云，花光柳影都能映得见。看得见这些，字里画里才有活气象；心不静水不静，今天谋算着要怎样才能被哪个领导接见，明天谋算着要怎样才能被哪个电视台看上，今年想着要把我的字推向哪里，明年想着要把我的字推向哪里，你的字怎么会好？字不好，就算走到天边，人家可会买你的账？

——如今的世界怎么了，就得要拼命地宣传自己，不问值不值得？

我又错了。凡是拼命宣传自己的，总归觉得是值的。

为什么牛顿取得大成就，却说是因为“站在巨人的肩膀上”？世界好比一个圆饼干，一只蚂蚁站在中心点，它身周的外围再广大又能广大到哪里去？更广大的世界它又看不见；牛顿走得远，已是处身饼干的外缘，缘内虽是广大的已知世界，而对他来说，未知的外缘才真的是非常、非常大，大到云雾漫漶，让他自见其小，不敢自大，不敢贪功。

惭愧，我们卑陋而不自知，人家不卑陋亦不自知。

罢了，作画如作诗，就有人功夫肯花在这个墨外诗外，有人功夫要花在那个墨外诗外。谁又有什么办法？

第3章

消解一分绝望：山重水复疑无路，柳暗花明又一村

风继续吹，我们继续美好而坚韧地活

活着是苦的，什么时候身处烈焰寒冰而不觉苦，我们就脱离苦难，得了大自在。哪怕仍觉烈焰与寒冰加身，能不忘初心，努力活着，也是美好的。

我生活的这个小小城镇，一个月之内就发生了两起自杀事件，一个是中学生，因失恋而寻求解脱；一个是中年人，因失业而逃避压力。

活，是一件考验韧性的事。

几年前看中央电视台对周华健的专访，这位巨星的人生同样有太多泪水和艰辛，但在整个专访中，他却始终笑声不断。那张笑脸，那双透出亲和力的眼睛，只让人想到温暖尘世，而不是高蹈云端的遥远孤寒。

不由想起另一个恰好相反的明星：张国荣。从《英雄本色》《倩女幽魂》到《胭脂扣》《霸王别姬》，无论角色怎么变换，他在车上打电话，他提枪跟人对峙；他有了孩子，家庭圆满；他爱上妓女，懒懒躺在床上吸大烟，或者变身优伶，他的眼神却统统不变：不是坚毅深沉，或者优柔彷徨，而是——悲伤。

这种情绪跟境遇和经历无关，跟他所出演的角色也无关，这是一种深达生命内部，看到生命内核的、天生的悲观主义者的悲伤。对这样的人来说，在关键时刻，生与死从来都不难以选择。

汪曾祺先生提及恩师沈从文时，曾写过这样的细节："沈先生读过的书，往往在书后写两行题记。有的是记一个日期，那天天气如何，也有时发一点感慨。有一本书的后面写道：‘某月某日，见一大胖女人从桥上过，心中十分难过。’这两句话我一直记得，可是一直不知道是什么意思。大胖女人为什么使沈先生十分难过呢？”

我也不明白，只能私下揣摩：沈先生从来拒绝血腥污秽的东西，即使写家破人亡的惨剧，比如《玉家菜园》，笔触都很干净，皆因他对于美的过分坚持。一旦世界出现一点不合理想的东西，对他锦绣般的心都是折磨。江南水乡，小桥流水，正宜妙龄少女，袅娜而过，才配得上如诗如画的好景色，而一个大胖女人忽然出现，冒犯了作家心中对美的念想，所以他才会难过，“十分难过”。

我们生存其中的世界，始终都不是理想的，既有花招绣带、柳拂香风的繁华，又有“重露繁霜压纤梗”的凄凉和落寞，既有明亮的蓝天丽日，又有阴暗浓重的夜。万丈红尘，不是浊烟就是大火，假如不能宽容忍耐地活下去，就只好向黑海一跃，像张国荣一样。《山水喜相逢》一片的主角摩根·弗里曼说了一句令人拍案叫绝的话：“你不应该向公众推销绝望，他们如果想要绝望，可以免费得到。”

这个世界永远有三种人，一种透脱，一种不透脱，一种不愿意透脱；也永远有另外三种人，一种活得清醒，一种活得不清醒，一种活得不愿意清醒。

周华健是夹心饼干，透脱，但不愿太透脱，清醒，但不愿意太清醒，唱歌的时候好好唱歌，表演的时候好好表演，活着的时候好好活着。他总是懂得珍惜，虽然不如意事许多，却有滋有味地享受生命。像他这样的人，也有许多。一则轶事讲，启功经常住院，有几次报了病危。然而，启功生性乐观，跟来看望他的人自嘲道：“最近我又鸟呼了！”来人纳闷。启功哈哈大笑：“鸟呼，就是差一点乌呼了！”满病房的人全都爆笑起来。

说到底，就像奥地利诗人里尔克的诗里所说：“有何胜利可言？挺住就是一切。”张国荣去世后，周华健在一干同仁留给张国荣的位子上贴了一个纸条：“风继续吹。”并解释它的意思：“你来了，风继续吹，你走了，风还继续吹，这就是事实，虽然残酷，却很真实。”

风继续吹，请让我们在这个不完美的世界，继续坚韧地美好地生活。

生命越简单，越有效

> 生命中有明确的目标，并且能围绕这个目标开展下去，发现问题并且积极找出解决方法，控制时间和效率，不过度消耗自己。长此以往，自己和想要取得的成就之间令人绝望的距离就会缩短，甚至消失不见。

有效，是一个耐琢磨的词。何谓有效？一张纸，想要戳一个孔，用针扎最合适，用手撕，就基本无效。 块钢板，想要锯个对开，用专用机器切割最合适，用手撕，完全无效。盖一个房子，用专业的建筑队操作最合适，若是想享受过程，自己动手也不是不可以，只是无效动作很多，而建筑效果基本很差。当一个哲学家，博览群书、沉思默想最合适，酒桌纵横，生意场上打滚基本无效。做一个生意人，酒桌纵横，生意场上打滚最合适，博览群书、沉思默想基本无效。所以，根据你所抱持的目的，来看你所做的动作，就可以基本上判定你的生命有效程度有多高。脑子里想着往东，脚步却在往西走，怎么会有效？当然可以绕地球一圈再绕回来，可是对于想要在短促的生命中达成一件并不等同于验证地理知识而且自己也不想去做的事，这个行为，就是完全无效。

生命，也是一个耐琢磨的词。有的人生命高踞灵魂顶峰，用全副心力对于探查灵魂、追踪信仰这件事孜孜以求，为此不惜抛妻弃子，摒弃红尘，比如李叔同。有人花费了巨大的心力，在自己的生命里开辟了一个大大的精神后花园，每天流连，对于红尘生活就过得有些草草，比如那些耽于写作、绘画、书法、数学、哲学等的文学家、艺术家、数学家、哲学家。更多的人，是把生命流连于红尘之中，每天盘算着挣多少钱，吃什么饭，该买什么衣裳，或者三两攒聚，说长道短，或者辛辛苦苦创业、兢兢业业上班。这是一个庞大的基数，对于生命的利用，可说是完完全全地脚踏实地，而不仰望天空，更不用提自由飞翔。

简单，更是一个耐琢磨的词。孩子刚诞生，白纸一张，生命简单得不能再简单，每天唯有四个字：吃喝拉撒。然后开始通过父母长辈的言传身教，通过风俗人情的潜移默化，通过师长同学的灌输影响，整个人变得复杂，越长大，越复杂：感受到了亲情的羁绊，感觉到了爱情的美好与残酷，体会到了友情的温暖与背叛，如此种种。就像一颗简简单单的种子，长成只有两片初叶的小小幼苗，再从小小幼苗长成树，开出花，结上果子，你能数得清一棵树上有几万片叶子么？生命就这么一步步复杂起来了。然后，随着年老，叶子重新开始一片片落，父母亲朋一个个在自己的生命中离场，儿女也振翅飞向远方，退休后工作也离自己而去，不定哪一天，老伴儿也撒手西归。看过一张照片，夕阳西下，长椅横斜，一个老人孤独地坐在长椅上，脚下飘零的黄叶一路延伸到看不见的远方。再怎样的小桥流水人家，也抵不过夕阳西下，断肠人在天涯。最终自己也离了人寰，带不走千辛万苦积攒的一张纸片，生命就这么经

过了丰沛，甚至杂乱，重归简单。

那么，问题来了。

为什么生命一定要有效？连周作人都说过，于日用必需衣食之外，有一点无用的游戏与享乐，看夕阳，看秋河，看花，听雨，闻香，喝不求解渴的酒，吃不求饱的点心。所以，我们完全不必对于生命一定要有效这种说法完全赞同。每个人的生活都得自己过，谁规定的我们的生命都必须有效的？我就喜欢在树荫下睡大觉，而不喜欢顶着烈日撒网捞鱼，你奈我何？

若是真的不想枉过，想于短暂的人生中做出一番伟业，那就必得要探究怎样才能使生命的运用更有效。

鲁迅一生著作不菲，同时也回答了他为什么会做出这样的成绩，乃是因为他把别人喝咖啡的工夫都用在了写作上。萧红回忆鲁迅，别说是喝咖啡了，他是连公园都不逛的："住在上海十年，兆丰公园没有进过。虹口公园这么近也没有进过。"进个公园是多么平常的消遣呢，他也是不肯的。所以说他的心力全都是用在读书和写作上，长长久久地做一件事，水滴石也穿了。而一个朋友，少年写作，在本地薄有声名。此后乘东风一路扶摇，也算成了当地一个不大不小的作家。可是如今人到中年，鲜有作品，整日流连饭桌酒场，名缰利场，为蝇头小利争抢不休，为打压新人劳心不止，这样的停滞就成必然，生命真的就这么一天天地浪费过去了。

所以说，不必问为什么别人能成大作家而我不能，别人能成大学问家而我不能，别人能发大财而我不能，别人能做大事而我不能，别人甚至扫大街都比我扫得好，卖糖果都比我卖得好，干保险都比我干得好，做饭炒菜也比我做得好炒得好。一门心思钻进去研究、实践、探求、努力，把其他无关的享受或者消遣都省略掉了，哪能不好？

所以，不必对自己的生命过于渺小感觉绝望：要想使生命有效，必得要使生活变得更简单，注意力才能更专注。如打聚光灯，旁的林林总总都隐于黑暗，唯有你的理想和事业居于中心，日日夜夜把能量向它灌注，它就日长日大，明媚鲜妍。

任何时候都要认真而美丽地过

人生如衣，初穿时崭新透亮，越穿越显出灰暗破旧，甚至磨得经稀纬断。有很多人就越过越觉得自己的人生不值得一过，于是就越发地糟蹋起来，草草过一生，可惜了这几十年的光阴。哪怕布旧了，也可以经常地洗一洗、熨一熨，打理得干干净净，穿戴得认认真真。

她是我的文友，虽然她的文章我读了不少，却一直十分缺心眼儿地认为文里那个突然得病，不能行走，成了“纸人”的倒霉的女主角不是她，是别人。究其原因，也许我心里根本就不相信世界上还有这种倒霉的病。倒霉到一夜之间连丝袜也穿不上，不能刷牙，不能洗脸，不能下床，不能动弹，按不下电话键，只剩眼珠还能“间或一转”——我还以为这种叫作“行进性肌无力”的病只不过是小说里杜撰出来的呢。

还有一个，也是我的文友。她的文章里面时常出现“轮椅”这个关键词，我也仍旧十分缺心眼儿地认为那是杜撰，这个世界哪有那么多飞来横祸，会把一个活生生的女孩子，在十七岁的时候轧成瘫痪。可是这却是真的。

不过，这不能怪我。不是我感觉迟钝，而是她们的文字里没有灰色，没有绝望，没有玩世不恭，没有迎风洒泪，对月长吁，有的是对生活的满满的珍惜、珍爱、感动、感恩——要怪，就怪她们从不标榜不幸。这两个朋友，一个恢复到能打孩子，能刷牙，能洗脸，能自己坐着轮椅去卫生间；另一个，找到疼爱自己的人，坐在轮椅上结了婚。她们体会了失去一切时的艰辛，愤怒和绝望曾经像一阵飓风，差点毁掉她们的生命，把她们赖以生存的信心连根拔起，于是，当她们从泥淖中终于站起来，就变成两个太容易快乐、太容易满足、太容易惊喜、太容易幸福的人。

还有一个人，经历更“杯具”。他和朋友通电话，外面下大雨，天降神雷，把他劈焦了。这道闪电至少高达18万伏，电流烙得他浑身黑色纹路妖娆，整个心脏麻痹了三分之一，连专家都说这人肯定没救了。

结果他居然活了。

当他稍微能动，就开始了艰苦卓绝的复健工作。

他哥哥给他带来一本《解剖学》，又用衣架替他做了一个滑稽的头套，把铅笔插在上面，让他能利用铅笔上的橡皮擦来翻书。他对比着书上的图，从手上的一束肌肉看起，集中注意力，和它说话，诅咒它，并试着移动它。

几天后，深夜，他决定下床，身体落地时发出了砰然一声；然后他像毛虫一样蠕动身子，肚皮慢慢转动前进，抓住床边的铁条，被单，床垫，好几次都跌回冰冷的地板，天亮之前，终于又爬回床上，就像攀登山峰一般快乐和疲倦。

除了他自己，没有人相信他可以渡过难关。他竭力呼吸的模样让人觉得他不过是奄奄一息捱日子。医生说：“让他回家过他最后的日子吧！他在家会比较舒服些。”

雷击让他的大脑也受了损伤。有一天，他发现自己坐在餐桌旁与一位女士说话，问：“你是谁？”对方一脸震惊：“我是你母亲！”

两个月过去了，除夕夜时，他决心自己走进餐厅。从残障者的停车地点起，他用两根拐杖撑着，缓缓地向前移动，他之称为“蟹行”，因为看起来像是半死不活的螃蟹拖着大钳子，越过干涸的陆地。十几二十分钟后，他终于进入餐厅，累得气喘咻咻。妻子叫了两碗汤放在面前，他头晕目眩，一头扎进汤里面。

医院的账单越积越多，他卖掉车子、股份、房子。他破产了。

他就这样债务压身，满身残疾，因为怕光，出门带一副焊匠用的护目镜，身体歪歪扭扭，看起来像个大问号，穿一件过膝的军用雨衣，撑两把拐杖，卡啦啦地前行，有人说他："那家伙看起来像是正在祈祷的蟑螂！"

有人问他为什么不自杀，他说我为什么要自杀？

当然有段时间他确实很想死，因为实在是太痛苦了。可是他却一直活下来。这个人叫丹尼·白克雷（dannion Brinkley）。我在网络视频中见到这个人，长脸，络腮胡，声音有些尖细——估计电流让他声带受损，却丝毫也看不出来这个人是个被神雷亲吻的残疾人。

每当秋风吹起、落叶初飞，在加拿大刚度完夏天的刺歌雀就成群结队飞往阿根廷，义无反顾，翻山越岭；还有一种极燕鸥，在北极营巢，却要到南极越冬；还有一种鳗鱼从内河游入波罗的海、横过北海和大西洋，到百慕大和巴哈马群岛附近产卵。

生命的所有元素都是乐观的，壮丽的乐观。

绝望就像闪着寒光的利刃，而乐观则把它给波光潋滟成一片温柔的海。只要对自己的生命肯负责，就可以把凡俗的日子一天又一天认真而美丽地过。

越干旱，越芬芳

命运的长途中，我们一直奔跑，白天黑夜，为着心里不肯熄灭的追求，为着各种自己认为值得的坚持。

她笑容明媚，心态阳光，看着她，没有人知道她是一个绝症病人。她的病很特殊，学名叫作"三好氏远端肌肉无力症"。我先是从王朔的小说里知道有这种病的，男主角得了这种病，刚开始只是一两束肌肉群不听指挥，后来会衍进到全身所有肌肉群都不听指挥，意识清醒，全身瘫痪，连眨下眼皮都不可能，就那样迎接死亡。

真惨。

更惨的是，全球病例只有40人，她是其中一位。她姐姐是一位，弟弟是一位，一门三绝症。

小时候，她动不动就跌倒，别的孩子一下子就能爬起来，她却只能把全身重量都压在手臂和膝盖上，爬到路边或墙边，然后慢慢想办法让自己沿着高处立起来，痛啊。

19岁那年，她、姐姐和弟弟同时发病，医生叮嘱三姐弟："赶紧做自己想做的事。"分明是下了绝症死亡判决书。姐姐崩溃大哭，想去死，她却想着怎么才能够有尊严地活下来。她说服姐姐："你连死都不怕了，为什么还会害怕活着？"既然妈妈带着姐弟仨奔波求医是无效的，她又跟妈妈说："人生有比看医生更重要的事情。"于是妈妈也被她说服了。

然后，她开始鼓起勇气，走上社会。别人坐出租汽车的时候，一迈步就能上车，她却得扭身把屁股坐到椅子上，然后用手一只一只搬起自己的脚放进车内。有一天，她遇到一个司机，看她的别扭模样，得知她是先天恶症，就告诉她，自己的太太得了肾脏萎缩，住了很久的医院，最近恐怕快不行了。而他的儿子智商不足，不能放出去乱跑，只好关在家里。小孩子不听话，他就打，打得小孩子一直哭，哭累了，就睡着了，这样他才能出门赚钱养家……

她真切地感受到，这个世界上，不幸的人真多。下车的时候，她把所有的钱都掏出来，跟司机说带太太出去走走，吃顿好的，我请客。然后，再打开车门，把脚一只一只往下挪。而司机双手紧握方向盘，低着头，浑身颤抖，眼泪打在方向盘上。

后来她才想明白，其实，司机是看到她的不幸，所以自揭疮疤，用自己比她还不幸这个事实，来笨笨地安慰她。这个世界上，善良的人比不幸的人更多。

她想，帮助弱势群体中的更弱势者，也许就是我一生的使命吧，用她自己的话来说，就是："我期盼所有老弱病残，都能不再活在恐惧与无助中。"人生有了目标，心中有了愿望，她鼓足勇气，勇往直前。她说："我们的生命不够长，不能浪费时间在愤怒、吵架、报复这种事情上面。"

现在的她不但是台湾人间卫视的新闻主播，也是弱势病患权益促进会的秘书长、罕见疾病基金会和台湾生命教育学会的代言人。2007 年与台大教授结婚，2011 年接受国民党征召参选，希望能提供切身经验，"以'立法'方式，为老弱病残打造可长可久的安身立命制度"。

她叫杨玉欣。照片上的她，眼神明亮，笑容灿烂，生命如桂花绽放。

一本书提到桂花的开放方式："如果希望桂花在某段时间开花，非但不能多浇水，还得特别少浇一些，原来，当水分不够的时候，桂花树会有危机意识，怕自己还没开花就死了，就会赶紧尽力地开花！"

其实这个世界上，人人都是桂花树，只是有的花树享受的水肥过于充足，疯枝狂长，平时总是说忙呀忙呀，到最后大限临头，却发现以前那些让自己忙的事，全都是无谓的，可是也晚了：活了很久却一朵花也没有开出来。而有的人生命短如流星，却光芒耀亮天际——他们也是一棵棵神奇的桂花树，命运不赐给他们足够的水肥，他们却凭着厄运，促使自己开出鲜花。

前景仍旧值得期待

有些事情，哪怕对自己不利，也是一定要做的，否则"见义勇为"所为何来；有些事情，哪怕对自己万般有利，也不能做，否则卖国求荣万般招骂，所为何来。哪怕社会再病，人心到底还是需要尺度和准绳；人心有了尺度和准绳，哪怕社会再病，得的也不是绝症。

先重温一个故事：狼来了。

一个小孩老是喊“狼来了”。第一次人们跑过来救，他是撒谎；第二次人们跑过来救，他还是撒谎；第三次人们不理他，结果却是狼真的来了。这个故事只有一个目的，就是教我们诚实，对吧？

它有两个结局：一是这个屡次骗人说“狼来了”的小孩被狼吃掉了，那我们就从他的悲剧中得到一个教训：不诚实就会死，于是我们就会被吓得诚实，因为我们怕死。二是这个小孩没有被狼吃掉，侥幸逃脱了，那么他就会从他的行为中得到一个教训：乱撒谎就可能死，于是他就被吓得不敢撒谎，因为他怕死；而我们也从他的行为中得到教训：要想不死，就要诚实。

这个故事本身没有问题，甚至有可能是真实发生的事情，因为它很合乎逻辑，于是它几乎成为诚实教育的模板，几乎每个父母都讲过，每个孩子都听过。只是，我们没有意识到，这个模板也许有问题。

它内在的逻辑是这样的：撒谎就一定会受到惩罚，诚实就一定会得到好处，所以我们不要撒谎，要诚实。它扩生出的逻辑是这样的：诚实是善的，因为诚实一定会得到好报，所以善就一定会得到好报，所以，我们要做好人，做好事。撒谎是恶的，因为撒谎一定会受到惩罚，所以恶就一定会受到惩罚，所以我们不要做坏人，做坏事。

也就是说，看在有奖励的面子上，我们诚实善良；看在有惩罚的恐惧上，我们不能撒谎作恶，四个字：趋利避害——于是道德成了工具，我们用它来投机。

那么，撒谎一定会受到惩罚吗？诚实一定会受到奖励吗？恶一定会有恶报吗？善一定会有善报吗？

让我们回到现实：

小伙伴一起玩水，一个溺死了，其余几个相约撒谎说没看到过他。如果他们的谎言生效，他们就会逃脱惩罚，也就变相获取了利益。

自己的孩子溺水被救，救人者身亡，做母亲的教孩子撒谎说救人者是自己溺水。如果她的谎言生效，她就会逃脱给救人者赔偿金的“惩罚”，也就变相获取了利益。

塘沽大爆炸，一个女孩伪造父亲爆炸中身亡，骗取同情和金钱。如果她的谎言生效，她就会获取利益。

碰瓷是撒谎，可是如果他们无法被揭穿，不但不会受惩罚，而且会获取利益。

老太太被撞倒，她是受害者，撞她的人逃之夭夭，如果抓不到，就不会受惩罚，也就等于变相获利；好心人扶起她，她反咬一口，又成了害人者，如果不被揭穿，她就不会受惩罚，而且获利：医药费都有人出了；好心人是食物链的底端，他做了好事，反而被诬，无法辩白的话，不但无法获利，而且还要受罚。

再引申出去，盗窃、陷害、杀人之后把自己隐藏得很好，一直没有被发现的人，他们就不会受惩罚，也就获取了利益。

还有：毒大米、毒火腿、毒水、毒肉、毒面、毒菜等。生产、制作和经营它们的人，如果没有被发现，就不会受惩罚，就可以获厚利。生产、制作和经营良心菜、肉、米、水、火腿的人，却被有毒产品挤占市场份额，因为“善”而亏损，受到惩罚。

既然行善不如作恶，诚实不敌谎言，不如趋利而避害，于是不道德也成了工具，我们用它来投机。

周立波在一个节目上因为一个女孩不肯和抛弃自己的亲生父母相认，指责她心胸狭隘，说她应该换位思考，想想当年父母的难处，应该学会原谅，否则“你永远不可能幸福”。内中隐含的逻辑即是：你要想得到幸福，就要学会原谅，和亲生父母相认——仍旧是趋利避害。

曾经有一个老太太向我宣教，她的理由是：“你信了主，身体就不闹病，死了能上天堂。如果不信主，你就不能上天堂，做多少好事都没用。”如果说周立波是道德绑架，这个老太太就是信仰绑架，绑架的逻辑仍旧是趋利避害。

所以，大道不行，良善不彰，不是个人的事，是整个社会运转的逻辑链条出了问题。前两年实行一个口号叫“文化搭台，经济唱戏”，这个口号大约是在倡导“经济中心”，文化只不过是盘边的菜，充其量不过是以各种文明的形式对万民进行金钱和利益方面的教化，结果使忠厚翻为愚钝，淳朴进化为奸诈。一个“利”字当头，又“利”字收尾的社会，你让道德何处容身？诚实只能无源无本。

心理学家武志红在他的书《梦知道答案》中，提到一个有意思的现象：2007 年夏天前，“杀妻”一类新闻在新浪网社会新闻出现的概率一般是一星期两三起，但到了 2007 年下半年后突然飙升到差不多一天一起，而到他写这本书的时候，已经飙升到一天数起。

他又说：这种转变有一个可以看得见的关键性事件——“黑砖窑”。“在我看来，可怕到极点的黑砖窑事件的大规模爆发及其处理结果，对我们整个民族的心理造成了极大的冲击，令疯狂者更疯狂，令绝望者更绝望。”

德国心理学家埃克哈特·托利在他的著作《当下的力量》中写道，地球是一个生物体。既然如此，那我们的国家，我们的民族，我们的群体，当然也是一个生物体。既然是一个生物体，自然就有着密切的沟通，手指伤了，大脑就会产生疼痛的信号，心情不好了，胃口也跟着变差。如果大家都撒谎以求不被发现，整个社会都会相携相伴，相拉相搀，争先恐后地拉低道德水平。

得病的人，要先找到病源，才好医治；得病的社会，也要先找到病源，才好施治。如今改变已经发生，清水已经变浑，好在知道是哪只手给搅了浑水，病源已经找到。而且人心有一个很好的特点，就是无论怎样在泥泞中匍匐，也是心向光明，而非黑暗，所以我们的社会才会在螺旋中前进，而非后退。所以，社会和我们都尚未崩坏到不可收拾，前景仍旧值得期待。

第4章

减少一分怅惘：沉舟侧畔千帆过，病树前头万木春

不要因为难过，就忘了散发芳香

从前种种，譬如昨日死，今后种种，譬如今日生。过好自己手里的光阴就好了，你不虚度，生命自然散发芳香。

那年他才十四岁，是个少年。

他正听收音机，一个声音从收音机里传了出来，说："吊死你自己，没有你世界会更好。你是个坏小孩，坏到骨子里。"

这不过是噩梦的开始。

从此，他的脑子里时时刻刻都会出现一大堆声音，命令他、诱惑他采用各种方式结束自己的生命，因为他是个废物。

他在那些声音的怂恿下藏起打火机和火柴，找到绳子，看到汽车疾驰而来就想迎着车灯冲上去。

父母拒不承认他患有精神疾病，他也强装自己一切正常。十八岁那年，他含着眼泪，和母亲、襁褓中的弟弟、慈爱的外婆告别，提着皮箱，被冷漠的父亲送往纽约，打工养活自己。

从此，他更是一个人面对着脑海里怂恿他寻死的一大堆声音，每个声音都对他的存在和生命极尽嘲弄之能事，连他的不敢求死也被毫不留情地讥讽为胆小鬼。

他每天都在进行着一个人的群魔之战，这场战争让他做不好工作，最终被解雇，又因为寻死被关进精神病院，被穿上紧身衣，受尽虐待。一次又一次，他受着脑海里声音的怂恿求死；而求生的本能一次又一次拉他脱离险境。如此辗转，整整三十二年。

在这期间，他的父母来过精神病院一次，留下一些钱，然后一言不发地走掉，没有见他一面。

当他终于鼓足勇气拨通电话，和父亲通话，央求父亲把他接回去，才发现疼爱他的外婆早已去世，当年的幼弟如今成了清爽少年。最终脑海里的声音逼他再一次认识到没有人待见自己的可悲处境，再次出走，再次流浪，再次被关精神病院。

在这期间，他曾经杜撰了自己哈佛大学毕业的学历，杜撰自己的父母死于车祸，杜撰自己曾经年少荒唐，生有一子，这个儿子的名字，就是他弟弟的名字。他获取人们的信任，担当体面的工作和职业，然后，再次被脑海里的声音摧毁，再次出走，再次流浪，再次被关精神病院。

一个十四岁的少年，变成了四十六岁，已经是一个肥胖、痴呆、流口水、对生活彻底无望的中年大叔，唯一不变的，是逼他寻死的那群脑海里的声音。

有的医生对他不耐烦，有的医生对他友善。有一个友善的医生建议他试一种副作用很小的新药。他相信他，开始坚持服用，病情终于好转。而他也终于意识到，他根本不必听从脑海里的声音的命令，他完全可以凭自己的力量反抗“他们”。

当他的病情好一些，他开始做力所能及的工作，比如当厨师，甚至开始为精神病人争取投票选举的权利。

“一个人有精神疾病，和无能根本是两码事，”他说，“政府有那么多措施攸关我们的生活，为何我们这些有精神疾病的人要在政治上保持沉默？”

在他的努力下，单单纽约一州就有三万五千多名重度精神病患登记投票，他们之中大部分都是第一次行使投票权。

他太忙了，甚至没有注意到幻听程度正在下降。终于，有一天，当他坐在客厅的沙发上，猛然发现一件惊人的事实：脑子里的声音停止了。

他被吓坏了。三十二年，这些声音批评他，侮辱他，日复一日地存在着，伴随着他，没了他们，他竟然感觉异常孤独。他蜷缩在浴缸里，一直到他肯接受这个事实。

他鼓起勇气给他的父亲再次接通电话，父母在圣诞节那天来和他一起过，可是弟弟如今已经结了婚，做了父亲，不肯来见他，怕他的精神病会传染。

不管怎样，他说："对我来说，幻听消失的那一年的圣诞节意义最深远。在那一年，我重回上帝的怀抱，并对我新家庭的每一个成员——包括我父母在内——表示感激。同时，我也知道要如何善用上帝给我的第二次机会。"

他在美国精神病学会每年举办的社区复健组织座谈会上说自己的故事，在电视上说自己的故事，对着一切有着同样痛苦的人说自己的故事，为的是让这些人也树立起战胜这种病魔的决心。

很多人给他打电话，倾诉他们的苦恼，他一一耐心接听。

他拯救了一个和他当年差不多大的少年，有一天他坐在一个大学的草坪上，看着欢快的毕业生步入会场——若是当年他能够得到适当的帮助，他也会像这群毕业生一样快乐的。然后他一眼见到这个男孩，又挺又高，面带微笑。

他想：这是一个奇迹。

是的。

他的生命就是一个奇迹——他就是自传式作品《声音停止的那一天》的作者，曾经的精神病患者肯恩·史迪。

如果每个人都肯珍惜自己的生命，无论走到怎样的黑暗、无望、无路的绝地，就是用门牙刨，也要刨出一个洞来，爬出去，外面正在等候他的，就是属于他自己的，生命奇迹。

痛苦都是暂时的

其实每个人都是活在自己的雨季罢了，痛苦一桩接一桩。可是这些又算得了什么？一件件终究被时光磨平，总有一天想也想不起，看也看不清。

现在回想，当年就是一场在情绪的泥里跋涉的过程。

冷的，湿的，黄土路上的胶泥，一下雨粘成一团团，一脚踩下去，光滑溜溜，一路到底，内里夹杂着柴草梗子，直钻脚趾头缝，毛刺刺的痛痒；拔出来却难，牵三挂四，扯不干净，心里也像有什么东西往上翻。一脚踩下去，一脚拔出来，踩下去，拔出来，整整拔了那么整整一个青春。

有一个不知道叫什么歌的 MV，歌手是个女孩子，在开唱前，用很安静的声音说着如果伤心了，应该怎么办，是大哭一场，还是大笑一场，还是下大雨的时候，故意不带伞，走进雨里——有一年的有一天，也是，好大的雨。学生们都缩进男生楼女生楼，学校里有一个什么建筑在施工，也停了，工人三三两两坐在檐下。我出楼门，假装是从宿舍要去教室，一步步踏出去。雨很大，淋得衣裳很湿，头发很湿。我走得很慢，很沉着，旁边有人匆匆跑过，忙里偷闲送过来诧异的一瞥。身后传来工人的口哨和哄笑。其实是没用，伤心了怎么都没用，大哭大笑大醉都没用，在雨里走也没用。

过去那么久，已经差不多忘了是怎么一回事，那种情绪却始终很鲜明地刻印在心里，像是在玫瑰的花片上写了一行诗，为什么写它已是忘了，写的时候浑身像蒙一层雪的感觉还在。又像是小时候，我明明是分到一组做值日的，为什么一组的同学们一个个干得热火朝天的，却没人理我呢？我扎着手，亦步亦趋地跟着。等他们把土扫成一堆，我端着簸箕，要把土撮起来。组长说："你干什么！"我抬起头，讨好地笑："我帮你们干活呢。"又像是大冬天的时候，大家在教室的门背后挤暖暖，一边挤一边笑着喊："挤，挤，挤暖暖，挤，挤，挤暖暖。"农村的孩子们，就是这么对抗严寒，可我永远是游离在外，袖着两只冰凉的手看着的那一个。一大群的小蝌蚪团在一起快快乐乐，我是被扔出去的，又冷又饿。

我始终享受不到那种大家哭一起哭、笑一起笑的快乐。有一回，班里来了一个新的语文老师，个头高高，瘦瘦弯弯，走路的时候脑袋向左偏，头发长长。他说你们别迷信教科书上的话，得有自己的思想。二十七八年前说这样的话，他这是找死的节奏，大家一起反对他，班主任也向校长请命换掉他。我和几个同学被叫到校长办公室，作为学生代表，向校长反映情况。每个人都义愤填膺，说一定要换掉，必须要换掉！我说这个老师教得很好，为什么要换？出了门，班主任带着别的同学们在前边走，我在后边蹭，孤零零。

就这么傻。

如今还是这么傻，被人唤作情商低。原来人的一生真的是有迹可循的，不会趋奉的人，永远不会趋奉；死心眼的人，永远都是一根筋，被人中伤不懂辩白，也不会把好的话变成花送给人，也不会把好的话编成花环戴上头顶。可是看似懵懂痴傻，心里始终下着雪，下着雨，还有风。一团一团的苦和痛，就那么或者清晰、或者懵懂，洇晕在岁月里，甚至连正视它们的勇气都没有，思维一触到这些点，马上就把它滑开去，怕看见当年的痛苦和不堪。

可是现在我却可以笑笑地对人说："年轻时，看我多傻，被一个不值得的人抛弃，还伤心地跑去淋雨，淋出一场病。""小时候，我可傻了，家里又穷，自己又不会做人，被所有人嫌弃，天天别人玩，我靠墙根。""我都不知道自己怎么了，为一个不相干的人仗义执言，被班主任恨得要死，天天对我黑着脸，用眼剜。”

当我说这些的时候，当年那种如坐针毡、坐立不安的痛苦已经过去了。想着被伤害的痛苦一辈子都不会忘的，不知道怎么的，就淡得一点一点看不见。

说到底，痛苦也不过是一种情绪罢了。任何一种情绪都如天上的云团，看似泰山压顶，抵不住时光如风，一丝一丝就给吹没了影踪。所以，当痛苦来袭，不要着急，咬牙扛，慢慢忍，有朝一日终能云破月来花弄影。

没有跨不过去的坎

每个人生在世间，都是花瓶，由崭新光亮逐渐被摔被伤害，有了伤痕，新伤旧伤堆叠，显痛隐痛交织。伤便由它伤，痛也由它痛，把挫折交给时间，时间会教我们淡然。

十多年前，讲课多了，嗓子坏掉，不能再上讲台，做了图书管理员。有一天，在校园，我在前边走，后边就有两个新老师议论：“你说她是不是哑巴，怎么从来听不见她说话？”另一个讲：“咱们学校也真是，怎么哑巴也招！”这个就用压低了却分明让我听见的声音，说：“肯定是走后门……”

从此天天发狠地从被窝里爬起来读书，又蹲在那台老旧的电脑前敲敲打打，对着冰冷的屏幕说自己心里的话。不知道怎的，书读着读着就把自己沉入另一个世界了；文字写着写着就连缀成了篇章。就这么一路读读写写的，走到如今。想起来捏一把冷汗，幸亏我的日子没有在天天看看电视、打打牌、说说家长里短半辈子过去。

好可怕。

果然西风也是东风，若无它的凛冽催促，温柔乡就活活泡死了我的好光阴。

三年多前前夫出轨，我坚执离婚，前夫家为抢财产，一家十口人将我打到腰椎骨折住院。问题是，钱和房子都是我一手所挣，他们却要撇走一多半，否则就不肯离婚。

当时的难过劲，觉得死了更清净。但是毕竟逐渐好过了起来，随着时间推移，越来越能够看得开。我把自己的生活打理得越来越干净流利，家里窗明几净，读书和写作也没有停。无他，时间的风沙会把所有的沟沟坎坎磨平，原来看起来迈不过去的巨罅深壑，如今只消轻轻一举步，就成。

所以，哪有什么过不去的坎，咬咬牙，忍过去，前面真的是风平浪静。

刚才吃饭，一个朋友有些酒醉，跟我讲："哎呀闫老师，你不知道别人在背后说你什么，真难听……"旁边就有人赶忙夹块肉堵他的嘴，说："你乱说些个什么！"

我心里明镜似的，真是躲避不开的纷扰人间，消停不了的红尘三万丈。说是不在乎，还是会在乎。心里不是白茫茫一片真干净，是雪压了芦苇，又半化不化的，被人踩上两个湿的泥脚印。可是，有前面的际遇打底，又觉得这些全不必在意。所谓的沟沟坎坎，全看你自己怎么看。一阵子一阵子的西风，其实都是促人行路的东风，此时山重水复，转身柳暗花明。

有一大把日子可以细数着去过，最为幸福

伊玛目沙斐仪说："我从一位苏菲学者那里得到了对时间意义的新认识。他说时间像一把利刃，我们可以用来战胜敌人获得生命的胜利。如果我们不理解生命的目的，盲目生存过日子，最后就会被这把利刃砍死，一文不值。"

那年，我在单位门口等车，走过来一个高大男人，披件空空落落的外套，大黑眼圈。他没话找话："干吗呢？"我说等车。"咱们单位今天开会吗？"我再望他一眼，逐渐才认出来，他原是某某科室的科长。

那时我刚到新单位不久，曾经给他的科室送过材料，当时他说话声音洪亮，气势逼人，昂头走路，抬脸看人，根本就不理我。

不久，我就听说他住院了，紧接着又有消息传来，说开了颅，要割掉脑瘤，又说转院了，因为本地的医院看不了，肝上也发现病变……

第一次听说的时候，还是满树翠色，蝉"吱吱呀呀"拉着长声叫，一转眼黄叶飘零，秋虫唧唧。想不到他才出院，更想不到霸王似的人变得如此憔悴，形销骨立，最想不到他居然带着两个大黑眼圈，一晃一晃又来到单位，而且见到每一个人，包括我，包括门卫，他都凑上前去，搜肠刮肚地搭讪。

忽然悲凉。

躺在暗夜里，我时常也会生出恐惧，怕这个横冲直撞的世界突然将我碾得粉碎，留下一大堆未竟的心愿和事业，所以总在拼命，不肯放松——整个

生命就是让人焦灼的未完成状态。

“所有的日子都来吧，让我编织你们……”这是近半个世纪前，一个14岁的少年王蒙的诗。这话乍听起来像豪言壮语。少年的生命，花儿一样将开未开，一切将来未来，说起话来都愿意用一些大而无当的词。我也从那个年龄过来的，那个时候饱含意味的“人生”、“岁月”、光阴”、“生命”，到最后光彩退尽，统统归结为现在一个缺乏色彩的词：日子。

太阳在每个日子无一例外地东升西落，我们在每个日子都要吃饭穿衣，这些细节琐碎，就像钝刀、磨锯，锯啊锯啊就把一个人锯老了，磨啊磨啊就把日子给磨薄了。时光飞快流逝，无可挽回地把自己带走，时光劫掠中，那些简单日子多么宝贵，有着稍纵即逝的惊人之美。

每个人自从降生就开始享受生命的盛宴，日子如命中的一盘盘菜，吃一盘，少一天。有时心情好，吃得有滋有味，一盘菜转眼就没了，是时光如梭；有时心情坏，食而不知其味，一盘菜老是吃不完，是度日如年……日子又如身上御寒的冬衣，每个人甫一降生，就穿着一层层的衣裳，过一日脱一层，就冷一些。刚开始火力壮，气力旺盛，怎么脱都没感觉，甚至觉得可以活千秋万世，于是放心地吃喝玩乐，恣意纵情地挥霍。到最后菜也吃完，衣也褪尽，脱剥得剩下一颗光溜溜的灵魂回归天际，以往怨恨憎恶的日子，你想再过一天，也追不回。

读过一篇文章，说人的愿望会逐层递减：有钱真好，有爱真好，有健康真好，有日子可过真好。哪怕很苦很累，得了病痛、降下祸灾，日子显得琐碎而又粗砺，可是有人正在羡慕地看着你——看着你手里那一摞厚厚的日子。

那个写《小王子》的飞行员说，人必须千辛万苦在沙漠中追风逐日，心中怀着绿洲的宗教，才会懂得看着自己的女人在河边洗衣其实是在庆祝一个盛大的节日。人也必得经历艰辛和劳累、衰老和疲惫、远行和折磨、哀与痛、生与死，才会懂得有一大把平平凡凡的日子攥在手里，可以细数着过，最为幸福。

用自己的脚步丈量人生

哪有不吃败绩的学生？哪有不打败仗的将军？哪有行万里长路不跌倒一回两回的人？哪有白躺着就能天上掉下来喂饱你的馅饼？想明白了这个道理，就重新爬起，河山万里，待你重整。

一个男孩子，高中刚毕业就被送到北京打工。一无所长，没办法只好端盘子，清晨即起，深夜才睡。但是他每次回家探亲，父母问他："怎么样？在外边苦不苦？能不能吃好？"他都很懂事地回答："一点都不苦。吃得可好了。"而且还会把他工作的酒店的环境大肆渲染一番，什么一天管两顿饭啦，吃的都是鸡鸭鱼肉啦之类的，以此来让亲爱的爸爸妈妈放心。

后来他的妹妹也高中毕业了，想过去投奔他。当她千里迢迢赶到哥哥住的地方，发现哥哥和另外好几个人一起挤住在地下室改成的出租屋里，冬天又冷又潮，冻手冻脚，夏天又热得像蒸笼。

妹妹回来把哥哥的景况告诉父母，父母想让儿子回家，儿子不肯。其时他已经因为工作能力出色，被挖角到一家五星级酒店。而且奥运会在即，酒店入住大量外国客人，对外语人才的要求十分紧迫。短短三个月的苦练，他已经能够比较流利地和客人对话。酒店主管看他素质出众，又踏实肯干，就提升他做了领班。

就在此时，他的一个亲戚出现了。

这个亲戚虽然生活在农村，却因为赶在农村基建热火朝天的时候承包修建了一条公路，着实赚了不少钱，他听说孩子在外面生活得这么苦，大手一挥，回来跟我干！我随便拨给你一台铲车开，一个月开给你几千块钱，足够你过日子了。孩子的父母感激涕零，他也动心了。自己再怎么努力，也不如背靠大树好乘凉。还等什么，那就回来吧。回来后他就开始上工地，风餐露宿，整个人变得又高又黑又壮，已不复当年细皮嫩肉的帅哥模样。

让他没想到的是，这个亲戚有了钱喜欢上了赌博，一夜输掉两百万的巨款，被人扣在赌场。家里人把所有的现金和存款拿出来也不足还债，只好把铲车也卖掉，到最后老婆甚至还变卖了自己的金银首饰，才勉强赎回他一条命来。

这么一来，亲戚彻底落魄，他的工作也没了，家里的新房子才盖了一半，门窗就在风雨里大敞着。没办法，操起锄头下了地，彻底在这个巴掌大的村庄当了农夫。

于是，他变成一个混世魔王，每天睡到日上三竿，然后蓬头垢面搓麻将，谁说他两句他就回人家一个字："滚！"有次打架把人打伤住院，还是跟妹妹要了两千块钱解决麻烦。

有时他也想：当初要是不离开的话，现在职位也上升了吧？工资待遇也提高了吧？好好干几年，说不定能在北京安一份家呢？可是，怎么变成这样了呢？

可是，又不该这样想。当初的错在自己把自己的努力看轻了，却又对别人能带给你幸福太信任，就好比一个人辛苦走路，却把食啊水啊都放在别人的包里，却忽略了一点：谁也不能当谁乘凉的大树——别人把你当树可以，你累了可以随时抽身；若你把别人当树，别人抽了身，烈日炎炎还得要你自己来承受；如今的错在于抱定了失误不放松，躺倒在泥泞不起身，生活把你踩成了扁片，你就再也没有勇气鼓起一口气重新做人。

正是气圆力壮的好年华，又是和平安定的好时代，孩子，你凭着一双手出去打工，也可以挣一份好前程。漫漫长途，任何时候都要提着一口气，目视前方，用自己的脚步丈量自己的人生。

第5章

抛开一分烦扰：若无闲事挂心头，便是人间好时节

和现实隔一段距离，给心灵安一扇花窗

心里安一扇花窗的人，可以使生命滋润、鲜活、美丽。只是花窗不是铁窗，不是要关住一颗愤世嫉俗的心，更不是要把一个鲜活的人挡在尘外。

我的一个朋友是在读大学生，有感于现实的污浊黑暗、谋生的跋涉艰难，于是兴起念头，想要出家。暮鼓晨钟，和风虫鸣，清心寡欲，了此一生。

这怎么行。

谁说的一入佛门就能清心？虚云老和尚活到120岁，德高望重，却也摆脱不开俗世的牵绊："前几天总务长为了些小事情闹口角，与僧值不和，再三劝他，他才放下。现在又翻腔，又和生产组长闹起来，我也劝不了。昨天说要医病，向我告假，我说：'你的病不用医，放下就好了。'"

"这几天闹水灾，去年闹水灾也在这几天，今年水灾怕比去年更坏。我放不下，跑出山口看看，只见山下一片汪洋大海，田里青苗比去年损失更多，人民粮食不知如何，我们买粮也成问题。所以要和大家商量节约省吃，从此不吃干饭，只吃稀饭。先收些洋芋掺在粥内吃，好在洋芋是自己种的，不花本钱，拿它顶米渡过难关。我们要得过且过。"

看，这就是现实。

所以我们要考虑的，恐怕不是怎样脱离现实，因为现实是脱离不开的，而是怎样给现实安一扇花窗。

在我的卧室的门和床之间戳着四扇浅柚色的原木屏风，下半截是单面雕牡丹，上半截是镂空的花窗。虽是间隔，却能看得见外面的一动一静，又可以隔绝屋外经过的人的视线，就好比是给现实的世界安了一扇花窗，又有点像小时候房前编就的一溜青篱，上面缠着小黄花，未必能防得住贼，却能明明白白昭告天下：篱外是世界，篱内是我家。

别小看了这个花窗，很重要啊。

当初家里住满了人：父亲和母亲、侄女和她的爱人。女儿虽然住校，也隔三岔五回来。不大的房间给挤得满满当当，一吃饭餐桌差一点就坐不下。父母房间的电视成日夜地开着，音量调到最大，老中医、老军医做广告的声音嗡嗡响；侄女和爱人嬉笑打闹的声音也阵阵传来；我的主卧居于正中，打开房门，就可以看到来来往往的人影，听到絮絮叨叨的声音，且自己一举一动都有人随时看得见——偏偏老娘又对我关心过头，一会儿听不见我的动静，就扒头看一看，一会儿又扒头看一看。

这样备受打扰，思路断断连连，写的东西也不成个模样，连起居都受了影响。

这个屏风就是那时候买下的，当初只是觉得它好看，谁知道它往卧室一竖，效果立显：声音还是听得见，但是从心理上感觉小了好多，在能接受的范围内了；老母亲还是一会儿看看我，一会儿进来转一圈，可是她好像很自觉地不越过屏风，跑到我的床前；饭做好了，她叫我一声，我隔着屏风就可以应一声，不至于半靠在床上打字被他们一览无余，好像做展览。生活中这些令人毛毛躁躁的不耐烦，就好像捋得顺了一些，又顺了一些。

花窗这种东西，公园里也有，里面和外面都可以互相看得见，但是又有一个分明的隔断，让人明白里就是里，外就是外。若说花窗外是我们必须承认存在并且必须投身其中的现实，花窗内是我们给自己找的乐趣，比如说有的课余打球，有人工余玩牌，有人写写画画，有的抱着书本蹲到厕所去——所有的人，其实都是在想办法和现实拉开一点距离。

很小的时候我们就被教育要融入社会，融入人群，融入现实；事实上却是全情投入是一件很吃力不讨好的东西。现实不总是光明的，甚至很多时候总是不光明的，一味深入，如泥入滓，只能是白沙在涅，与之俱黑。只有把心放在窗内，隔着窗槅向外看，目光带一点微凉，可以审视，可以剥析，才可以做君子，对窗外的世界有所取有所不取，有所弃有所不弃。

20世纪40年代，北大教授赵道博先生作了一首《西江月》：“世事短如春梦，人情薄似秋云，不须计较苦劳心，万事元来有命。幸遇三杯酒美，况逢一枝花新，及时欢笑且相亲，明日阴晴未定。”

赵教授就是用花和酒隔开铁板一拼的人情和世事，就像我小时候，喜欢一个人趴伏在喧闹的教室里，在逼仄的课桌上一笔一画，认真写字。有时候单单是一横、一竖、一撇、一捺，就能写满两张十六开的大白纸。实际上，这也是一种隔离，铺纸为道，提笔为马，一蹦子撂到海角天涯，溜达一圈回来后，又有勇气面对老师迅猛的催逼和无数作业的喧嚣和繁杂。

所以，不必远离，不必退避，给心灵安一道花窗吧，让它在窗内休养生息，等歇息够了，一个猛子扎下去，从尽头洑出水来，对岸就是自己有花有叶的未来。

知道得越少，越幸福

求知保持旺盛的好奇心是好的，在人际关系上保持旺盛的好奇心则是自害：是非知道得越少越好。把心里丛生的杂草拔掉，才能腾出地方盛月光花影，才能种粮食蔬菜。

一个美女同事，近日很烦恼。

半年前她和一个家世背景很显赫的公子结了婚，一天，我正在办公室的电脑前聚精会神查资料，她急促地叫我："姐！"

我抬头，她的老公不知道什么时候进来了，怒气冲天，拽着她一只手拼命往外拖——她已经怀孕三个月。

我忙站起来，他赶紧松手，几步走到室外。我跟出去，只见他把手上抱的东西猛力一摔，掷到楼下，桔子啊，苹果啊，还有梨，咕噜咕噜滚了一地，头也不回地走了。

后来我有事请假半个月。等我再回来，她已经把胎儿打掉，离婚了。

离了婚才知道捅了马蜂窝。小姐妹们都是好的，陪她说话，拉她逛街，请她吃饭，劝她开心，然后义愤填膺地告诉她："我们听到有人说你坏话啦。"

她赶紧问："说我什么？"

"说你狠心，为离婚把孩子都打掉了，肯定不是一个好老婆，以后得到幸福才怪……咱们不怕，他们爱怎么说怎么说，你一定会得到幸福的，不信咱们就看着！"

她快崩溃了。

怎么能不崩溃呢？人心就是一面湖，投进一块小石子都会荡起一串串涟漪，更何况巨石咚咚地往里扔。没人的时候，她在办公室哭得稀里哗啦。

有一天，她问我："姐，你说我该怎么办？我快活不下去了……"

《红楼梦》里的女孩子在刚开始的时候，几乎就都注定了不幸的命运：宝钗要夜夜守孤灯，黛玉要泪尽而逝，迎春是受虐而死，探春远嫁，香菱被主母虐待……

可是，她们做诗、填词、烤鹿肉、起诗社、赏花、斗草，每天都活得很快乐。

为什么？因为她们除了当下这一刻的好生活，别的什么都不知道。不知道有的时候并不意味无知，什么都知道的人表面上看似"明察秋毫"，它的代价却是把你变成电影《购物狂》里的张柏芝：满满一房子的东西，水壶、暖瓶、电风扇、没用的柜子，光包包就有无数个，统统摆在那里，凌乱，无序，搞得自己每天晚上如厕都要迷迷糊糊跳芭蕾，一下一下绕着过——当初那么满怀爱心买下来的，却成了自己生活中的障碍。

什么时候把这些全都清出去，我们的心才能变得清爽而愉悦，像一座绿柳掩映的花园子，让清风进来，明月进来，安静和幸福也进来。

其实，所谓的舌下杀人，最大的凶手并不来自流言蜚语的发源地，众矢之的和千夫所指的困境也只是一种虚幻的存在，只要你转过头去，不看他们，他们就没有办法把矢射进你的心里。倒是你的亲戚、朋友、好姐妹，他们一直忠诚而坚持不懈地传递这些有害信息给你——他们知道自己关心你，却不知道放了黄蜂在你心里，围着你嗡嗡飞，狠狠刺。

还是西谚说得对："不知道的事情，不会伤害你。"苏联作家索尔仁尼琴1978年在哈佛大学演讲时也说："除了知情权外，人也应该拥有不知情权，后者的价值要大得多。它意味着我们高尚的灵魂不必被那些废话和空谈充斥。过度的信息对于一个过着充实生活的人来说，是一种不必要的负担。"

所以，不妨采取一种主动的装聋作哑的生活方式，告诉朋友们：无论你们听到什么，看到什么，都不要告诉我，我不好奇。

等你适应了这种装傻并快乐着的状态，自己的心情会渐渐花木扶疏，清风朗月，轻松得能着羽衣飞起来，这时才会明白，世界上原来真的有一种幸福叫"不知道"。

别被还没到来的危险吓死

恐惧、担心、焦虑，其实就是一个“怕”字。怕活不成，怕活不好，怕活不长，怕得要死，结果被活活吓死。危险如鬼，很多时候是自己幻想出来的东西，你不怕它，它就等于不存在。

一个女友，这段时间比较烦。

一年前老公下岗，家庭收入一下子锐减了二分之一，老病的父母也需要她来赡养，偏偏她买房又买成了房奴。

两次见她，她都在医院里——老父亲的脑梗阻两个月犯了三次；他还没从医院出来，母亲又因为急性心肌梗死，被救护车拉到了医院。

还有一次是在我任教的学校，她的孩子因为贪玩没完成作业，她被老师拎过去训。

然后她给我讲她做的梦：梦见自己好像站在一个深渊边缘，四周黑漆漆的，不能举步，不能动弹，而且脚底下是流沙，哪怕拼命地保持不动，还是会一点一点往下滑，然后飞速下落，在飞速下落的过程中，“啊——”一声长叫，醒过来了，满头是汗。

躺在黑暗里，那份恐惧没法言说：老公总也找不到工作怎么办？房债总也还不上怎么办？父亲母亲的病越来越重，怎么办？小毛孩子现在这么不努力，将来考不上大学怎么办？天呀天呀，这日子过不下去了。

过不下去也得过啊，她可真是拼了老命了，一口气兼了三份差，直到有一天，发现自己出虚汗，心跳得收不住，腿又慌又软，到医院一看，甲亢复发。而且腰椎间盘也突出了，感冒到发烧38摄氏度，还硬撑起来干活。实在是太害怕，生怕一松手整个家庭都沉沦。

真需要这么拼命吗？真需要如此焦虑吗？

你老公一个大男人，既不好吃懒做，又有手有脚，怎么可能失业到底？你们两口子共同努力，还怕什么房债？虽然老父老母都病着，但目前情况尚可，那就干脆把眼前的日子过好，把困难推到明天，也许到了明天再一看，看似逾越不过去的高山大海，不过就是一个小山包。孩子虽然顽皮些，但是多么健康，多么活泼，现在这么早替他操什么闲心！就算将来不能有所建树，过平凡的人生有什么不好？

"得过且过"不是个坏词。一个人跌下悬崖，把旁人吓得要死，结果他却从崖下传来大叫："快，给我系个筐下来，这里有一丛鲜蘑菇！"这是多么伟大的得过且过的精神，死到临头了，还没忘了嘴。

其实很多压在心上的担子，都像一粒一粒的冰雹，看着挺大，真正的困难只不过是包裹在里面的一粒微尘，外面裹着的，是厚厚一层心理坚冰。不是世界跟你过不去，而是你自己跟自己过不去。

20世纪50年代，有一艘英国的集装箱运货船负责把马德拉群岛的酒从葡萄牙运到英国去。途中一名水手被误关在冷藏室里面。他有足够的食物储备，却知道自己活不了多久，这里太冷了，会冻死的。

于是他用一块金属片，在板壁上刻下了他每时每刻经受痛苦的感觉：寒冷是如何让他变得麻木，他的鼻子，手指还有耳朵都结了冰，变得和玻璃一样脆弱。他还描述了寒冷的空气是如何一点点地啃噬着他的伤口，那种灼痛让人难以忍受。就这样，一点一点的，他的身体僵硬了，他死了。

当船在里斯本靠岸后，船长打开了冷藏室的门，发现了水手的尸体，也读到了水手临终的痛苦经历。但是，最让他吃惊的是，冷藏室的温度计上显示的是19摄氏度——冷藏室中的货物不多了，所以在返航的途中，冷却系统根本没有工作——水手不是被冻死的，他是被自己的想象杀死的，或者说，是被还没到来的危险吓死的。

我跟女友说，你也快了。未来的不确定性和危机感过于深重，引发了精神上的过度焦虑，然后又在蚕食你的身体。这个世界上最大的敌人是自己。放手，放心，就会发现世界还是这么个世界，但是路宽了，天蓝了，鸟语花香，一切大不一样，出路四面八方。

用纯净透明的眼睛看世界

保持平常心，才不会被妄念和偏执所控制，成为头脑清醒、事理畅达、境界超然、充满智慧的人，人生也会更洒脱。

和朋友们一起喝茶。

通常这种场合，我就是一堵有嘴的墙。一个朋友端详了我一会儿，说："你是个有城府的人。"

"啊？"我纳闷："为什么？"

"越有城府的人才越会沉默，不动声色，就像你似的。"

"……"

这个话题一笑而过，它引发的后续反应是我当时没想到的。那个上次在茶会上说我有城府的朋友到得晚些，来后便和几乎所有人打招呼，却是目光像水银，从我的身上轻巧滑过，不肯停留片刻。看来大家对"城府"这个词普遍反感，生怕自己心眼缺乏，别人七窍玲珑，不定什么时候就被卖了，所以对盖了"有城府"的戳子的人，为自保起见，有多远离多远。

真冤。

从前有个人丢了一把斧子。他怀疑是邻居家的儿子偷去了，便观察那人，那人走路的样子，像是偷斧子的；看那人的脸色表情，也像是偷斧子的；听他的言谈话语，更像是偷斧子的。那人的一言一行，一举一动，无一不像偷斧子的。不久后，丢斧子的人发现了斧子，第二天又见到邻居家的儿子，就觉得他言行举止没有一处像是偷斧子的人了。身外世界原本就是自己心理的一个投射，一千人眼中准有一千个哈姆莱特。鬼眼看鬼，佛眼看佛，一个“有城府”的评价害我莫名其妙遭冷落，从这个角度讲我是受害者；可是万一人家没这么想，只不过一时疏忽，忘记和我打招呼呢？我却判人家这么个大不是，我岂不也成了一个心怀鬼胎的人，一个害人者？

一个朋友，在农村开了一个农产品加工厂，每天出入几十万的货款，就那么乱堆在一个破桌子的桌斗里，那个桌斗还安得不牢靠，时不时哐当一声掉下来，洒一地的红票子。也有锁头，却就是那种一拽就开的锁钥。他还卖棉籽油，一大桶一大桶的油就堆放在院墙的角落，也没人看管。他的卧室两道门，终年开着，晚上睡觉都没有锁过。每逢有事出差几日，家里就那么大敞四开，可是竟然也没人来偷他的。他说：“世界上哪有那么多的坏蛋。我不害人，人家也不会来害我。”

另一个朋友，家住城市，夫妻两个买了一辆车，天天怕车被偷，两口子轮流睡在车里值班。结果有一天晚上没有值班，车丢了！小偷怕是早就踩好点了：你们这样看着这辆车，这车必定是什么宝贝或者有什么宝贝，偷了再说。

我们总是心怀恐惧，生怕被人算计，这样的生活状态，令人由衷地感觉累。这样的心理状态，是源于对所有人的一种“有罪推定”：假定每个人都有害人的心思，所以我们要有避免被害的防御；如果我们保持一种“无罪推定”的态度过日子，假定每个人都没有害人的心思，这时候再走出去看世界，保准看到的不一样，远较前者轻松透亮。用一双透明纯净的眼睛看世界，这个世界就会变得更美好。

给生活点染无数繁花

总是在流年奔波中忘记打扮日子，于是生命一天天枯山瘦水。等有心情的时候，往墙上贴贴花片，往花盆里撒撒花籽，往心里种上花的种子，让它们全都绽放开来，生命岂不亮丽热烈？

到处是花。

大朵大朵的向日葵。假的，挂在真的树桩子上。树桩子蹲在墙角，两个丫杈，像是小丫鬟头上的两个抓髻。

长长的吊兰，吊在草编的挂帘上。

尖尖的斗笠，从海南千里迢迢背回来的，铺着一朵一朵少数民族风味的金花。

青铜的香炉本身就是一朵花。层层叠叠黑黯的莲花瓣。炉香乍热，法界蒙薰，诸佛现全身。

墙角一盆一盆的花，这些都是真的。油绿油绿的叶，我叫不上名目。

喝茶。

青瓷白瓷开片的杯，淡黄淡绿的茶水。若隐若现的音乐，袅袅升起的炉香的烟。树皮卷成的筒里盛着香，盖一个手绣的花布盖。

卧室里放着衣架，也是一个大树杈。这根杈子上挑一件大衣，那根杈子上挑一根围巾。墙上贴着一片一片绿的叶。

地上跑着只小泰迪狗，卷卷的毛，时时刻刻像在笑。还有一只大白猫，稳重得像香闺小姐，蹲在那里静静看着我，我向她问好：“嗨，妞妞，你好。”她才“咪”一声走开了。

我和女同学一同去听国学课，夜深借宿她家，就像一只蚂蚁住进了一朵花里。我羡慕她。平时过完凡俗日子，无事回家沏茶燃香听乐赏花。若说这不是神仙过的日子，神仙也不信。

我的另一个同学，在石家庄一个机关里做处长，眉宇间透露出来一股子威严，可是回到家里，她却抱狗，种花。她养的花开得像红色的丝绸一样，透出一股子端庄。

还有一个同学，跟着老公去了绍兴定居，她的家里倒是说不上来有什么花气，但是她天天晚上高兴了就挥舞着大披肩在自家光滑的地板上唱戏，拿捏个小身段，吊起个小嗓子，摆出个兰花指，她的老公高兴地揉摸她的脑袋，把她当女儿疼爱。

这些人，都把自己的生活过成一朵花了呢。

我却不成。家是素白的墙，一摞一摞的书，制式的床和书架，甚至连一串或一朵装饰用的假花都欠奉。如今虽然好些，也不过从热衷养真花的同学那里掰来几个花根，随便撂在花盆里，然后一个星期一浇水，至于长成什么样，倒并不怎么关心。不过相较七八年前已经好得太多。那时我们宿舍老大送我一盆红掌，被我活活养死，因为从来不记得浇水。自家的屏风上，倒也挂上了两个通红的中国结，也有吊吊挂挂的小铃铛、佛珠、小葫芦，好像离人间近了一些。

以前心走得太急，把有情人间拉得太远，所以活得孤寂清寒。手中的笔换不来凡尘俗世的好日子，文字也不是生活的全部含义。日子还是点染无数繁花好看，养养花，养养狗，养养猫，暖融融午后的春日，邀三五好友，坐下来品一杯淡翠或金红的茶水，香味与音乐一同升起，才是真美。

第6章

看透一分情困：此情若是久长时，又岂在朝朝暮暮

爱情是两情相悦

爱情是两情相悦，如同铙钹的必得合奏才能发出美妙声响，单面的相思终究不成个模样。看明白了这一点，就不必在一个人对自己的爱恋不知道或者不回应的时候，苦苦留执心头的痴念。

那年我刚刚十七岁。冬天起床跑早操，散了后大家三三两两往教学楼走，即使大冬天我也买不起一件厚棉袄，冻得唇青面白，浑身直打哆嗦。他和几个男孩子说说笑笑着擦肩走过，清秀、挺拔、美好，就是脑瓜像刚出炉的地瓜，腾腾地冒着热气，胳膊上搭着羽绒服。他走了两步回头看，再走两步再回头，然后犹豫又犹豫，终于退回到我身边，把袄轻轻披在我肩上，说了一句："快穿上吧，看你冻的……"

"……"我惊讶得说不出话。矮矮瘦瘦的丑小鸭竟不期然得到这样的关照，真不知道该说什么好。

"我是三十二班的。你不用了就给我搁讲台上好了。"

说着他就走了。

从此我开始注意他。剑鼻星目，唇红齿白，天生一股侠气在。他笑的时候，感觉日月星辰都在笑，嘴角边一颗小黑痣也无比的好，连周围的空气都被他晃得哗哗地摇。

第二次和他打交道是在考场上，大规模期末考，换班坐。我们都早早就位，只有我前面的座位空着。考试开始十五分钟，门口有人噼哩啪啦跑进来。我一边忙着答题，一边想：谁这么牛啊。抬头一看，是他。还是那一副脑门上冒热汗的老德行，估计是从家里一路跑来的。监考老师训他："韩清，你在高考考场上这样就死了！”他嘿嘿一笑走到座位上，拿手在脑瓜和脸上一通乱抹。我看不过去，拿出自己的粉红绣花小手绢，从后面轻轻碰碰他，递过去：“擦擦汗吧。”他接过来不好意思地一笑：“谢谢。”

那声“谢谢”让我发晕，好像糖吃多了，甜的滋味一圈一圈化成涟漪，整个人都要被化掉了。

从那以后，他变成一尊坐在我心上的玉佛，少艾之年，如怨如慕，一个“爱”字根本当不起我对他的关注，他是那样慷慨、善良、仁慈、美好。

一天晚上，学习累了，独自上了楼顶。夜雪初霁，薄薄的微光里面，一个身形修长的男生拥着一个娇小玲珑的女孩子，正亲密地低低说话儿。他们没有看见我，我却看清了他。那一刻，有泪想要流下，又觉得有什么梗在咽喉，堵得难受。没胆子惊扰他们，只隔着玻璃门看了两眼，悄悄转身下楼。

高考结束的那个暑假，我费尽心机才打听到韩清考到了北京一所著名的医学院，而且和那个女孩已经分手。这时候我也拿到录取通知书，马上就要去本地一所名不见经传的专科学校报到。这下子一边感觉到离愁，一边又高兴得蹦蹦跳跳。

大专生活刚开始，我就陷进一个情感的旋涡里面，被一个只想玩玩不想负责任的男生耍得团团转。心情难过，无人可说，一个人在瓢泼大雨里走，楼上有人没心没肺地起哄尖叫。这个时候，韩清在哪里呢？我给他写了一封又一封的信，又亲手一封又一封地撕掉。也许，我应该冒充一个不知名的笔友，给他写一封不署姓名的信，诉说千里之外一个陌生人的痛苦、失望、爱恋、难过——不知道那会是什么效果。也不过想想罢了。

那个男生正式和我 SAY GOODBYE 的时候，好像头顶上悬了这么久的铡刀终于落下，既疼痛，又解脱。那一刻只想见到韩清，一时冲动，天生路痴的我居然跑去买了一张直达北京的火车票。

当我终于站在辉煌壮观的医学院大门口，有泪珠悄悄滑落。此时的我，不复当年的黑瘦弱小，也有了明眸和皓齿、桃腮和浅笑。奢望如蛾，在暗夜里悄悄地飞舞。

七扭八拐才打听到他所在的宿舍，然后请人捎话给他：大门口有人找。二十分钟后，韩清出现了。一身运动服罩在身上，还是俊朗挺拔的身姿，还是红唇似花瓣的鲜润，还是那样剑眉星目的温柔。可是，他是和一个女孩子肩并肩走出来的。那个女孩子眉目清爽、面容安详，满身都是青春甜美的芬芳。

看见他们的那一刻，我早已经退到远远的马路对面，一任他们在门口焦急地东张西望。过了好久，他们一脸愤懑地离开，我却一直在他的校门口磨蹭到傍晚，又吃了一碗朝鲜冷面，才十万火急地坐车往西客站赶。就在我刚坐上公交车的那一刻，一回头，正好看见他和那个女孩子说说笑笑地走进我刚走出来的那家冷面馆。

我痛彻心扉地意识到，从开始到现在，我们从来就不在一个世界。无论我是幸福还是忧伤，他始终都只能是我青春的信仰，却不能是我爱情的方向。

我终究要和你说再见。

夕阳模糊，晚云镶着金边，路旁的树叶像是金子打成的，被风搅得稀里哗啦地响，一个傻傻的女孩子就这样被空旷的孤单和荒凉的寂寞包裹。

那就这样吧。就这样。

一晃二十年，年华步步远去，二十年后的同学聚会中，我看着他坐在远远的圆桌那边的侧影，眉目一如当年。聚会已毕，人群四散，他说拜拜，我说再见，挥手作别的那头，仿佛是我恍如隔世的青春。

爱情是两情相悦，而我和你，终究只能是两面之缘，但是我仍旧感谢命运，因为你对我的善。

强扭的瓜不甜

唐僧去西天取经，遇到一个高人在修行，他马上唤徒弟敲锣将那人震醒。那人说："我入定已经 80 年了。"唐僧说："入定 80 年都未修成正果，你太危险了，赶紧转世投胎去。"我们也像那个和尚修佛一样沉迷在爱情里，正面临危险的境地不觉不知，我们也需要赶紧投胎去。

一个小女朋友和男朋友吵架，男朋友拂袖而去，她玩自杀。

割腕。

然后打电话给我，拜托我照顾好她的一盆花。我听着不对，赶过去一看，吓得赶紧送她去医院。割得不算深，但也给医生把手包扎成个粽子。然后她就一个劲儿地蜷着胳膊面冲着墙壁哭。我无奈，只好打电话给她男朋友。

那男人刚开始不肯来，被我连说带劝，终于肯来了，也是抱着胳膊，站在她的床前冷冷地看。她继续抱着胳膊，弯成个虾米，楚楚可怜地面壁。我推她，想让她说两句话；瞪他，想让他说两句话。

然后，他说话了，跟丢炸弹似的。他说："你为什么不割颈动脉呢？那样一下就死了；所以你没有真心想自杀。当然我不是逼你自杀，但是我们之间也到此结束。以后，无论你做什么样的蠢事，都再与我无关，不过是自取其辱，拜托你自己想想清楚。"

然后他就一阵风开门走远了。小女友跳下地，光着脚朝外追，输液瓶子都要带倒了，我跳起来拦腰抱住她拼命往回拖。她一边哭一边嚷："你回来，听见没有，我叫你回来……"

我拖她回来，按凳子上坐好，然后很严酷地打击她："他不会回来了。"

这句话戳了她的穴道，她号啕大哭。我心里说哭吧哭吧，长个教训也好，你当自杀那么好玩啊。

你第一次玩自杀的时候，他可能会怜惜你对他情深义重，郑重道歉，拼命忏悔，顺带亲吻你花瓣一样的嘴唇；第二次玩自杀的时候，他可能会想着这妮子真讨厌，她想要什么，就答应她吧，好歹也是条命啊；第三次玩自杀的时候，他想：还有完没完，有完没完！怜惜也没有了，慈悲也没有了，转身就走，毫不停留。

更有那一等一的狠心贼，不爱你了，你第一次自杀他就拿出第三次的反应，因为他看透你了。你的本意原本也没有想着要死，不过是想要挽救濒临破产的爱情，或者挟此以自重：你要对我好啊，一定要对我好啊，不然我自杀了，你一辈了内疚。或者是：你要对我好，一定要对我好啊，你看我都为你自杀了！再或者：你要对我好，一定要对我好，要不然，下次我就真的死给你看。可是，目标没错，路径错了，所以，自取其辱。

而且，为什么说"玩"自杀呢？

因为很多人自杀，大概都属于"玩票"性质的。我读过一本叫《殡葬人手记》的小书，作者是个殡仪馆老板，见过的死人多得好比我们吃过的盐。他说过"死志已决"的人是什么样，绝对是万念俱灰，不声不响，那样一条人命垫出来的一条黑色通衢大道，上面徘徊着无数去意已决的亡灵。而既是死志不坚，只不过想以此为要挟爱情的手段，不是玩票又是什么？而且那样的结果绝对不容乐观。

也许在女孩子心中，自杀总有一种魅惑的光环，她们总能想象力丰富到展望自己"死后"的事情：男人多么悲痛欲绝，抱着自己苍白花瓣一样的身体悲痛欲绝；或者看着自己圣洁安静的睡颜，痛悔万分。而自己苍白冰凉的手指，握在他宽大温厚的手掌中……

拜托！醒醒！

生活不是拍电视剧，这么一个现实的世界，他的心拴在你身上的时候，不劳你自杀，他也围你团团转；他的心不拴在你身上的时候，你自杀有什么用？真正有用的是你活得光鲜漂亮，然后，让他看着你重新吞口水，然后，你潇洒一转身，鸟也不鸟他。

而且，万一你弄假成真了怎么办？

昨天在饭桌上，一个酒徒和我争论。我说喝酒伤身，少喝为妙，他非要我做选择题：保护自己的身体重要还是和朋友联络感情重要？我的脑子里一刹那回环着无数个深刻答案，甚至想拉开架式向他讲生与死的辩证关系，感情和身体互为作用的深刻哲理，结果我的女儿一句话就把他驳倒了："没有身体，哪来的感情？"

他也哑然，我也哑然。

留得青山在，不怕没柴烧，一个十几岁的小孩子都懂的道理，为什么成年人不懂？

男女相爱本就如相斗，相斗必定有死伤，别人伤自己尚且要回身自保，自己就不要再戕害自己的生命。强扭的瓜既然不甜，为什么还要生扭在一块儿呢？分开各自投奔生路去。

该放手时就放手

这世界上除了死亡，总还有别的方法让两个人不能再相爱，所以一定要做好心理准备：假如真有一天不得不分手，宁可一把钢刀两劈开，也万不可把分手做成一道拔丝苹果一样粘粘糊糊的菜。

他四十来岁，个子高高的，脸很白，曝晒在夏天的大毒日头下也不出汗，神色清清冷冷，看上去很不好接近。他领导着一个强悍的团队，在本地偌大的板材市场所向披靡，让人敬畏——一个魅力无限的单身汉。

青年时代，他交过一个女朋友，娇小玲珑，下巴尖尖的。他爱她爱到骨头里，疼她，宠她，听她说话，陪她看星星。她的独占欲极强，有一次，几个男生找他打篮球，他实在手痒想去，可是她说：你敢去我死给你看！他回过头看看她，有些担心，又想怎么至于，于是没禁住几个臭小子的煽动，去了篮球场。

但是那场球打得索然无味，三分球投不中，扣篮扣不准，带球过人把球让人抢跑了……等他回去，看见她额头碰了一大块瘀青，宿舍几个姐妹守着她寸步不离。原来这个烈性的小姑娘一见他往操场走，就上了窗台，想从三层楼上往下跳。幸亏旁边有人眼疾手快，一把拉住了她，她就一头撞在墙上……

他单腿跪在她的床边，用手抚摸着她柔软的秀发喃喃道歉。他说，对不起，我以后不会这样了。

她抬起头看着他，洋娃娃一样的眼睛睁得老大，泪水凝聚，啪啪地砸下来。

他说，我错了，原谅我吧。

她说，你不会离开我，对不对？你会一直陪着我，对不对？

他说：对。她冰凉的小白手伸过来，他用温暖的大手紧紧包住。

他说“对”的时候，就知道自己以后怎么做了。宠着她，惯着她，她想要什么都给她，无论如何都不能离开她。可是三年后，她却告诉他：我要和别人结婚了。

吵架吵到屋顶都要掀翻了，冷战战到所有人都被寒气冻结了，泪流满面的恳求，声嘶力竭的控诉，不择手段的吓唬，都没用。她说：对不起，我不爱你了。

他把最好的日子给了她，她却把长长的尖针刺进他的心里。他想恨她，却又恨不起来。

火一样燃烧的青春，一把黑灰的岁月。转眼间，二十年过去了。

可是如今，她又回来了。

她说，我忘不了你，我越来越想你了。你回来吧。

她还像当年一样任性，一样娇美，却多了少妇成熟的风味。像一颗诱人的、闪着高贵紫色光泽的李子，水分饱满，让人实在忍不住想下嘴。

他看着她，长久地说不出话。

他不能告诉她，这些年，他完全没办法接纳别的人。也不能告诉她，白天他是总经理，晚上躺在宽大豪华的房间里，梦里全是当年的花落花开。他的房间里，到现在还摆着一个水晶镇纸，那是她当年送他的生日礼物，后来两个人决裂，他一怒之下把它扫下去，摔得有了裂纹，他却又拾起来，放在桌上。

他最最不能告诉她的是，他曾经千里迢迢开车到她的城市，看她和老公出双入对，看她带着酷肖她的小女儿，在公园里荡秋千。悄悄的，一跟就是一天，然后再回到自己的城市，在家里独自饮酒到醉。

他说：“你知道吗？我从来不后悔爱过你。”停了一下，他又说，“可是，我很后悔认识了你。”

她从来没听他说过这样绝情的话，脸色一下变了，他却继续残酷打击：“我们没必要在一起了。”然后，他就转身走了。一只手塞进裤袋，五指狠狠攥拳，把裤袋撑得鼓起来，大拇指的指甲狠狠掐进中指的肉里。他心里说：对不起，我爱你，所以我不能陪着你搞暧昧。我能为你做到的，只有让你岁月静好，现世安稳。

当年那个翩翩少年郎就那样一步步离开，那段情像水晶镇纸里的细花，温柔静止在孤独的岁月，鲜艳如锦，永不老去。

这个男人看起来很傻，是不是？现在的世界，早已不再是谁为了谁默默守护，谁为了谁守身如玉，君不见这里那里到处都是混沌暧昧逢场作戏？可是没用，真正的爱情就是真正的爱情，你想玷污它都不成，你的心会告诉你：此生无缘牵手，那就放手让她走。

错爱不要归来

爱便爱了，错便错了，走便走罢，想回来也别回来了。前尘隔海，没有续集，说到底，人终究无法不珍惜自己。

他既不是新欢，也不算旧爱，根本就是爱错了的一个人。当初恩恩爱爱，毫无征兆地，他突然就说：“分手吧！我家出了事，没有钱结婚。”她说我不怕，实在不行，把新房子卖了吧，给你家凑些钱救急；他说分手吧，“我从小订有一门娃娃亲，我得为人家负责任”，她说这不是一个包办的年代啊哥哥，你如果为难，我去和她说。他步步进逼，她退后半步都不肯——正是为爱痴狂的年龄。后来他就开始躲避她，她就有一种悬崖边上被人松了手的感觉，心不由自主往下沉，沉，手也不由自主要抓紧，抓紧。

她给他做饭，替他整理房间，费尽心思讨他的欢心，那段时间草都绿得发冷。上司说小秋你留下来，我有工作要和你讨论。所有人都走了，就她拘谨地坐在沙发上，看着他一边挪动肥胖的身子一边哼哼，一点一点向自己走近，影子像山一样压下来。她大惊跳起，拼了命地冲出去，脱身的第一个念头就是飞奔着去找他，他会把自己搂在怀里，轻轻抚慰。以前，他不就是这样的么？她打开水的时候手被烫了一个小泡，他都心疼得要死，一边给她敷冷毛巾一边恨不得把所有的开水龙头都统统拧下来。

可是见到了，事情说了，他却没有表情，只反复说你要冷静，要冷静，也许这是误会。你回去吧，我还有点事，要出门。她转身出门，赌气到酒吧要了一杯酒，在昏暗的灯光下自斟自饮，猛然间他和一个人并肩走来，没发现她，自顾自地说话："怎么回事，让她跑了？""啊，那丫头太灵，一看事儿不对跟兔子似的，哧溜一下就溜了。弄不成。""她到我那里去了。我稳住她，下次再给您创造机会。"那个人，是她的老板，也是他的老板。

那一夜她喝得大醉，嘴里整整叫了一夜他的名字。周围一圈朋友心急如焚。他被人叫过来，就坐在她的身边，却一句都不肯回应。

狠狠爱了两年，再分离出来真是剥皮剔骨一样的痛，然后一夕之间，突然就醒了。

醒了才发现是这样一个不堪的男人。原来他要和上司那个丑丑的女儿结婚，原来结了婚之后，他就可以平步青云。而那急于摆脱她的心情，像甩脱一块旧抹布一样的无情。他此生注定是一只大鹏鸟，一翅飞上九重天，因为有深沉的心机，有斩截的决断，够干脆，够阴毒，够狠。

事实证明的确如此，再得到他的消息，已是十年后的今天，裙带关系上的龙飞凤舞，演变成而今呼风唤雨的角色。来人对她喋喋不休，详细描述他现今的豪华光景。

“可是，你告诉我这些干什么呢？”她问。

“啊，我以为你想知道的……”前来说项的也是故人，不好意思地喃喃呐呐，“毕竟当初你那样爱他。他非常想见你，怕你不肯见，托我来说说情。他老婆对他很不好，他一喝醉酒就哭，叫你的名字……”

她一下子想起一句话来：旧爱诡异地归来。

不，不是旧爱，是错爱，错爱诡异地归来。

那个写《青蛇》的李碧华说每个男人都希望他生命中有两个女人：白蛇和青蛇。“只是，当他得到白蛇，她渐渐成了朱门旁惨白的余灰；那青蛇，却是树顶青翠欲滴爽脆刮辣的嫩叶子。到他得了青蛇，她反是百子柜中闷绿的山草药；而白蛇，抬尽了头方见天际皑皑飘飞柔情万缕新雪花。”

她也大不幸成为那个男人没有得到的寂寞青蛇，又像开在那个男人记忆深处的红果果，诱得他把想得到的得到了，回过头来又想尝一口没得到的那滋味是什么。而在他风光旖旎的想象中，当初深爱着她的女人，现在还在怀抱寂寞，苦苦想念着他。

那是不可能的！

当初只要伸手就能摘得，你不肯；就算你不肯伸手，只要你张开怀抱就行，你还是不肯。为了前程，你选择了摆脱，为了摆脱，你安排了迷阵，就算这一切都没有发生，你以为世上有哪一只果子肯红红地挂在枝头十年，苦苦守候一个凉薄的情人？

女人和男人一样，如果他痴迷，你不要让他醒，醒过来就有一种决绝的无情。就像那个海盗一样的瑞特，对斯佳丽拼命爱呀爱的，可是一旦梦醒，就对回头的斯佳丽说：“对你的未来，我要是能继续关心就好了，可我不能了。”他很快地吸了一口气，又轻松而柔和地说了一句，“亲爱的，我才不在乎呢。”

她忘了自己说了些什么，反正面对来人，始终铁了心。你会失望，会伤心？你会伤，会痛？“对不起，我才不在乎呢。”

旧爱归来，昔日的你侬我侬尚且抵不过眼前柴米油盐的光景；错爱归来，对那个被辜负和瞒骗的女人来说，无非揭开一段屈辱的红尘，用事实证明米兰·昆德拉说的一句话：“一个女人的一生总会至少爱上一次王八蛋。”

错爱归来，让人连看一眼都不再肯。

分手要厚道

恋爱谈的是感情，分手谈的是做人。人做得好，分手的时候也体面、厚道；人做不好，分手的时候一地狗血和鸡毛。缘尽不出恶声，大约是我们生在人世，必须有的一个修行。

一男一女闹分手。

然后男的在网上贴女的大字报：某地某处某人——某地精确到城市，某处精确到工作地点，某人精确到姓，再额外附赠职业介绍——恶行累累，令人发指。计有：

逼我给她买房。

逼我给她看病。

和我吵架，咬下我肩膀一块肉，特此存照，欢迎查询。

一言不合，把我的笔记本屏幕摔坏。

她不肯随我南下，一定要我随她北上。

因嫌弃我给她买的打折女装，半夜跑掉。

命令我给她电话充值，给她亲戚排队买火车票，言辞颐指气使，十分嚣张。

背着我相亲。不肯和我结婚，只肯做情人。

我比她挣钱多，她吃我的穿我的用我的，里外皆是名牌，洋芋开花赛牡丹。

下面还有纵深揭秘：

她的同事关系很差。

她自称处女，又在与我同居前即有妇女病……

她性格不正常，失眠、嗜睡、暴躁、木僵、幻听、受迫害妄想、戏剧化人格、头痛、情感倒错、冷漠、认知倒错……

她两周不换洗内裤，三周不洗澡。

该女以前用的名字很土，该女从小到大没有固定朋友，该女身材干瘪本人兴味索然云云。

下面还有株连九族：

该女父母不识字，该女家曾经发生过煤气罐爆炸，该女母亲被毁容……

下面是回答网友的热心提问：

既然这样，何不分手？

我几次要分手，她都要自杀，结果我就心软就范了。

可是我有疑问：前面你明明提到，她明确提出来不和你结婚了，为什么不就坡下驴呢？偏偏要等到被“该女”一脚踹下驴去，然后在大字报上言之凿凿，请大家评论“该女”是不是精神病，论据如下，不，如上。

说实话，我真没怎么觉出来女人有病，我用的排除法，论据如下：

这一堆已知条件里面，伪造诊断证明，可以证明她贪钱；吵架咬块肉下来，摔坏笔记本，可以证明她暴力；半夜出走，不肯随夫南下，可以证明她任性；嫌弃打折女装，可以证明她虚荣；命令男友帮她充值啊、买火车票啊，可以证明她专横；背着男友和人相亲，可以证明她滥情；不是处女，可以证明她滥交……至于说木僵、幻听等等的确可以证明该女精神方面有些疾病，却又淹没在这一大片非必要性条件里面，整个帖子读来读去，只会让人感觉到一点：惶论女人有没有病，男的倒可能真的有点病：痴病。

不信你看：

她让你看病你就看病，咬你你又不躲，她不肯跟你走你就乖乖跟她走，让你做什么你就屁颠屁颠去做，明知道不是处女你还跟她上床，都要给自己戴绿帽子啦，还一味紧攥着不肯撒手……你说你没病，你只是一介情圣，可是这个世界上，情圣值几个大子一斤。

再说了，真情圣始终恪守一条法则：你跟我，我对你千好万好；你不跟我了，那也好，拜拜，祝你幸福。君子绝交，不出恶声。哪有一个真情圣肯输了爱情就客串狗仔队的？那是小瘪三的行径。

世上无非两种人：一种男人，一种女人。两种人打交道，不是水火交激，就是水乳交融。谁也不敢保证自己走对路，做对事，爱对人。万一哪一天你发觉自己爱错了、娶错了或者嫁错了，连回头看都觉得恶心了，那就甩袖翘靴走人，停留在原地，用毁别人的方式，喋喋不休地证明自己的不幸？

公门里头好修行，因为公门里头最阴暗，能有光明心照亮阴暗地，成佛都容易；爱情路上也好做人，能在分手后用一颗平坦心走坎坷路，拒绝揭秘和报复，做人都能做到十足真金。

电影《手机》里，火车上，严守一忌惮旁人在座，旧情人武月打电话来，他拼命“喂喂”，假装信号不好，然后挂电话，旁边费墨悠悠然揭穿：“演得真像。我都听见了，你却听不见。”严守一戴着墨镜，阴森森呲牙一笑：“费老，做人要厚道。”交情到了一定份上，对方屁股上有几颗黑痣都清楚，就算当初瞎了眼，把开花的洋芋看成牡丹，等到洋芋花一落，原形毕露，它还是一颗洋芋，也没必要硬给黑成一根狗尾巴草——这就叫厚道。

你，厚道了没有？

各自的感情，各自负责

命是自己的命，情是自己的情，往左走往右走都是自己的选择，由此产生的后果都应当由自己负责，不要想着替别人负责什么，也不要奢想别人替自己负责。

一天，女友的老公做了个梦，梦见他的初恋情人。当初他因为女友而甩了人家，十几年后良心发现，梦见那女人过得不好。他的初恋说："因为你，我伤了心，随便找个人嫁了，现在老公下岗了，孩子学习也不好，家里连房子也没有，我也没了工作……"她的老公在梦里一直说："对不起，对不起。"他把梦境跟她说，她气得心发慌："你对不起什么呀？是不是说，假如这事是真的，你就准备负点责任，对不对？"

我听她讲，一边替她想：这件事，她老公要想负责，怎么个负责法："把私房钱给她？还是偷偷攒烟酒钱给她？他不抽烟不喝酒咋办？从他的工资里偷钱给她？还是从你的工资里偷钱给她？要不然，把你们家的房子分一间给她住？或者隔三岔五送点米面粮油？那么，到最后，是不是他的私房钱归她了，工资卡也归她了，你们的房也归她了，到最后他也归她了，然后你沦落街头了？那是不是就轮到你梦里或者梦外向你老公哭诉了？然后呢？你老公又开始把私房钱给你，把工资卡给你，把房子给你……"

女友笑，我也笑。我确实是听不得这种"对得起"或者"对不起"的论调，也看不起那些个一定要人家负责和一定要替人家负责的人。

感情的事情，无论谁对谁错，都是不可挽回的。说"对不起"，除非你想挽回什么。可是当你想挽回的时候，预示着下一个错误已经开始悄悄上演了。要人家负责的人，更是顶没有出息的人。自己惩罚了自己，随便找个人嫁了，然后过得不好，就跑来要前面的人负责，你怎么不要你自己负责？若是你嫁得好，岂不是要感激他？谁又有什么理由替人家负责？要么当初别犯错，要是犯了错，是英雄好汉，你就死扛到底，哪怕良心不安，也别做出什么过火的事。不然的话，你要负责的，就不仅是一个前情人了。

当初有个人真的辜负了我，于是我就傻傻的惩罚了自己。前夫是我闭着眼睛摸来的，我也是闭着眼睛嫁给他的。那个辜负我的人前些年想办法跟我见了一面，结果他对我说："对不起。"我立刻说："感情上的事，合则合，

不合则散，对不起对得起的，这话不必说。老公的人选是我定的，婚也是我结的，要说'对不起'也是我对不起我自己，和你有什么关系呢。"呛得那个人一脸灰。

有一个二十岁的女孩，怀了一个已婚男人的孩子，那男人不想要孩子，她不肯，一定要这男人离婚娶她。男人不肯，她说那也行，你要拿钱弥补我心灵的损失。结果这男人也绝，别说一万块钱，五千元都不肯！这个女孩跟我说，我要把孩子生下来，让他负责！拜托，五千元钱都不肯出的人，你让

他负责一个孩子？再说，你明知道他有老婆还肯和他交往，又为什么要他负责？你当初就该为你自己负责才对。

男女之间的事，女人不用扮弱者，让男人负责什么；男人也不必扮强者，为女人负责什么，自己负责好自己，这个世界就好了。

第7章

抛却一分狭隘：且看世间多少事，相逢一笑泯恩仇

宽容别人，是给自己一条生路

> “不要拿别人的错误惩罚自己”是一句说得俗滥的话，可是我们却总在不自觉地做着拿别人的错误惩罚自己的俗滥的事。面临深重的爱恨情仇，有的时候，放手，是对自己的拯救。

看了一部电影：《这儿是香格里拉》。

一场意外的车祸带走了季玲可爱的儿子，也粉碎了她幸福美满的家。她内疚，因为她是在和老公打电话，对儿子疏于照看，才使悲剧发生；她痛苦，因为儿子的离去，带走了她全部的灵魂；她仇恨，因为肇事者没有停车抢救孩子，而是逃之夭夭。她不停地怀念，因为无法遗忘；不停地起诉，意图为子报仇；丈夫被忽略，家庭生活变得压抑而灰暗，一切都无可挽回地绝望。

然后，她无意中在儿子房间里找到一张寻宝游戏的纸条，她边哭边笑：因为这是儿子生前最爱和她玩的游戏——纸条直指云南香格里拉的圣山。

就这样，她独自出发去了香格里拉，然后，意外跌落到云雾笼罩的悬崖下面。等她醒来，却发现自己到了一片宁静、安谧的天地，这里绿草茵茵，牛羊成群，洁白的圣山映着蓝天，如梦如幻。一个小男孩，有着棕红的小脸蛋，一身朴素的藏民装扮，带她骑马，听她唱歌，看她流泪，然后给她宽慰。最后，小男孩说：“走，我带你去看我的宝藏。”当她跟着他到达圣山脚下，抬头仰望，却看见山顶上有一个穿藏袍的小女孩，逆光而立，宛似仙女。

她不明其意，笑着调侃："你的小女朋友？"

小男孩严肃地摇摇头："不，她是我的爱人。"

"你很爱她？"

"是的。"

"这就是你的宝藏？"

"是的。"

但是，小男孩却痛苦地说：我的爱人等着我，我却走不了，我很辛苦。她诧异地低下头，却看见小男孩的脚踝上不知道什么时候，竟然捆绑上了粗粗的铁链。她心疼地蹲下身去解，小男孩竟然深情地抚摸着她的头发，叫她"妈咪"。

原来，这就是她深爱的儿子，因为她不停地牵念，使得他无法脱身奔向自己的世界，很辛苦地恋栈在她的身边，用忧伤的眼睛关注着她，听她在一群藏民热情的邀约下唱儿歌："两只老虎，两只老虎，跑得快，跑得快，一只没有耳朵，一只没有尾巴，真奇怪，真奇怪。"

季玲泪流满面，给儿子解开缠脚的铁链，放他轻身飞去，同时自己也解开了缠绕在心上的爱与恨、苦与痛。

其实，这一切不过是她跌下悬崖后，昏迷时的幻觉。醒过来看到的，是医院的病房，以及陪伴在她身边的丈夫，正对她深情凝望——原来放走了爱，爱还在。

那么，放走恨呢？

她终于撤销起诉，然后在那个已经得了绝症、即将去世的"凶手"面前，听他忏悔："对不起。"三个字，重逾千钧。

她把孩子的小房间彻底整理，该洗的洗，该换的换，儿子照片前飘摇的白蜡烛也拿走，然后从枕套里抖出一本书，一帧帧的画全都是香格里拉的神山，其中一页夹着孩子从妈妈脚上拿下来的脚链，还有一张字条，上面写着："妈妈，找到了。"

找到了什么？

一番艰辛苦痛，找到的是生命的真谛：解开以爱的名义捆缚亲人的铁链，自己的生命也会于受伤后尽快复原；宽恕别人犯下的罪，自己的心灵也会变得地阔天宽。

一个被暴徒抢掳的女人在异乡愤怒而抑郁地活了一生，死前一刻，发现了自己的过错：一辈子的愤怒与恼恨是多么愚蠢，她原本可以和一起住在这个敌人的村镇里的小孩子和老年人一同工作，照顾有病的人，用自己所学的知识教导他们，感化他们，那些儿童没有跟着那些暴徒袭击她的村庄，杀害她的亲人，而她的教化也许会感化到这些孩子长大后成为和平的天使与善良的青年，可是她却关闭了自己的心胸，在本来应该付出爱心的时刻收回爱心。

宽容如潮水，能填平一切石缝，有时候却冲不破人类的心智筑起来的高堤。所以，美好的香格里拉，它不在南，不在北，不在西，不在东，它只存在于我们的心中。

把宽容的权柄抓在自己手里

> 平生不做皱眉事，世上应无切齿人。自己立身清正，才有资格宽容别人；自己立身不正，就只能俯首听候别人的发落，人家的宽容与不宽容只在一念之间，自己却被他人翻手为云，覆手为雨。何苦来？

两三年前，父母跟着我住。我父亲病重，瘫痪在床。母亲心脏病，没办法全天候照顾父亲，我只好抽时间替她一会儿，好让她得到片刻的休息。因为这个原因，所以下午的上班时间不能固定，有迟到早退的现象。

有一天，单位的副局长找到了我，严肃地传达了局长的指令，让我按时上下班，并且婉转地建议我把父母送回老家农村，不要耽误了工作。我去找我所在科室的科长——他曾经命令我按时上下班，我没有做到，于是就给我告了一状。

我一时冲动，去找他理论，两个人不欢而散。毕竟工作要紧，我也理解局领导的难处，也不愿意给单位抹黑，所以叫了一辆救护车，把父母送回了村里。我父母住的小屋里盘着一盘小炕，我父亲躺在炕上，腿都伸不直——一年过去，他的脚抵着墙，把墙都蹭得黑黑的；他的腿到死都没有伸开来，直到睡在棺材里，他的腿才伸得直了。没有照顾好父亲，是我心头永久的痛，多少次在梦中哭醒。

把父母送走后，有一个单位因工作需要，把我借调一年。对方单位急着开会，我只好先参加会议，打算开完会回去交接。没想到科长大怒，直接打过电话来。我中断会议，先回单位，他坐在办公桌后面，十分气盛："就是省长来借你，没有我说的话也不行！"我不堪忍受，气得和他大吵一架，再次不欢而散。然后就不断地听到别的单位的人对我的议论，说我工作作风散漫，不尊重领导，等等。我浑身长一百张嘴也说不清——而我不但没有长一百张嘴，就这唯一的一张嘴，也顾不上分辩这些事情。需要做的工作太多，这些琐屑的人事，罢了，随它去。

没想到，我在外借调一年，他居然趁我不在本单位，把单位按月发我的一点补助也给吞了。这太过分了——我还以为因为我借调，所以就没有我的补助了呢。代领补助的签字有两次是他的名字，可是我却一分钱都没有见到。打电话给他，他先是打哈哈："啊，这个，可能是因为当时发的钱有点乱，我记不清了哈哈哈，我想想啊，想起来了告诉你。"我又当面找他，他坐在办公桌后面，满面通红，声音低低的，说："……嗯……那个……怎么回事呢……我把钱给了谁呢……我想想，想起来了告诉你……"

我等了一天，没有消息。第二天，还是没有消息。第三天，我又等了一上午，还是没有消息。我去找主管领导，领导又带着我一起去找他，他坐在办公桌后，恼羞成怒："我一天有多少大事要办，你那点儿事算什么事！"我真给气哭了。钱也不多，事儿也不大，可是这样死不认账的样子，你是要有多无赖?

虽然在领导的调解下，他向我道了歉，承认自己态度不好，但是始终不肯提还钱的事。我也心软：那种难堪——他被我质问时那种语无伦次，那种面目通红，那种羞愧难当。若是旁的人贪我的这一点点钱，我不但不会去要，而且问也不会去问，我怕问臊了人，人家难过，我心里更难过。人非圣贤，孰能无过，若是我被人指着错处问到脸上，真是揭皮揭肉的那种痛。

当时我放出豪言壮语："我原谅你，钱我也不要了。"过后被朋友骂："你能不能有点原则和底线，能不能不被人这么欺负到底！"我又心里过不去——到底是器量窄的小女子，给领导发信息，要继续让他还钱，一分钱都不能少。然后，那天，下着大雪，待人极好、为人也极好的主管领导到了我家，带着菜和肉馅，和我一起包饺子。见面就抱住我，让我看开，放下。罢了，我再为难，就是为难她了。这么好的一个人，我不忍心。

到此为止。我把写好的诉状撕了，这件事不了了之。

宽容么，也算宽容了，我都做好打算，要到法院里辩个是非黑白：看起来是小题大做，可是若非如此，旁人还得以为是我收到了钱，还要回头找他岔子。君不见当初我是怎么在他的利口之下百口莫辩的?

世界上的事真是这么一个理：所谓赠人玫瑰，手有余香；种下荆棘，自己承当。与其把心思放在做不好的事上，然后把宽容与否的权柄放在别人手上，倒不如把心思放在如何把事做好，然后把宽容别人的权柄抓在自己手里来得安稳。

仇恨不是永远的帝王

若是有神，神是爱世人的。他爱善人，也爱恶人；爱无私欲者，也爱有私欲者；爱那被杀者，也爱那杀人者……为什么不爱呢？这个世界是他造的。他让人依随自己的自由意志而生活，这就是最大的爱了。而我们也满可以像神那样，爱你，爱他，爱我。只要彼此相爱，我们就不堕落。

张朋的医术得自家传，十分高明。今年 3 月 21 日，他的家里来了一群人，有男有女，有老有少，齐刷刷跪在他和他那八十多岁的老母亲面前，张朋的老母亲老泪纵横……

事情还得追溯到 20 世纪 40 年代，那个时候，中国正是兵荒马乱、到处烽火狼烟的时期。日本鬼子烧杀抢掠，无恶不作，铁蹄下的百姓创痛巨深，发出阵阵呻吟。张家世代行医，张家的大爷出过国，留过洋，拿过洋学位，不但医德高尚，而且和善谦恭。坐汽车回家，离家三里远就下车步行，遇到田地里劳作的农人一定要亲亲热热寒喧一番，对长辈更是低眉垂首，毕恭毕敬，所以在我们本地倍受尊崇。但是树大招风，难免遭人嫉恨。一个姓王的人也开医馆，手黑刀快，看着张家医馆门庭若市，不由对张家大爷怀恨在心。

1945 年，抗日战争胜利前夕，日本兵节节败退，设在村里的据点已经搬空，王大夫纠结一伙人，硬说张家大爷是汉奸，把他非常残忍地处死了。从此，张家阖家搬离，江湖飘零，再也没有回过家乡。

事情过去五十多年，坏心眼的王大夫早早就得了恶疾，死掉了。王家一脉人丁单薄，半年前，他家三代单传的小孙子阿宝得了重病，一家人疯了一样求医问药，都不见效。有人推荐北京一个很有名的大夫，叫张朋，说他医道高明，说不定能够起死回生。阿宝的父母立马带上孩子，打道北京!

七弯八拐打听到张大夫所在的医院，一进门就“扑通”一声跪下了，阿宝的爹娘把头叩得“呼呼”响：“张医生，求求你，一定救救我们的儿子……”张朋吓一跳，赶紧把他们扶起来，仔细给孩子问诊。为了解除病患家属的紧张心情，他按惯例跟他们攀谈起来。一谈谈到家乡，二谈谈到家长，三谈谈到家世，张朋变脸：就是眼前这个小孩子的太爷爷害死了自己的太爷爷。

他的老母亲已经八十多岁了，听说仇人的子孙找上门，浑浊的老眼喷出怒火：“小朋，你要是给他们看病，我就算流落街头，也不要你养老送终！”

眼看着阿宝的头发一把一把往下掉，肚皮鼓得像条塞满丝的蚕，腿肿得像牛腿，皮肤绷不住，裂开了，顺着裂缝往外渗血水，小孩子疼得整天“爹呀妈呀”乱叫唤。他的爹娘急得团团转，不明白为什么张大夫当初信誓旦旦地保证一定尽力给孩子治好病，为什么突然间就变了脸，现在干脆连面都不见了。

又苦苦等了两天，阿宝的父亲背起病重的孩子离开医院，一家三口一路走，一路哭，却不知道窗帘后面一双眼睛注视着他们，眼神里包含着强烈的痛苦。怎么办？怎么办？所谓人命关天，又有一句话叫作医者父母心。就算上一代的仇恨大比天，可是，为什么要报应到一个无辜的小孩子身上？

一家三口越走越远，张朋奔出医院大门。带回孩子，开方，抓药，中西医一起上，治标兼治本。三个月后，阿宝的肚子渐渐变小，腿也慢慢变细，每天能吃一小碗稀粥——孩子的命保住了。阿宝的父母绝地逢生，高兴疯了，逢人就讲救命的张医生。阿宝的奶奶老泪纵横：“给阿宝看病的那个人，是咱们家的仇人……”

半个月后，张朋的家里上演了这一幕，张朋的老母亲浑浊的老眼蒙上一层泪光。半个世纪，三代恩仇，终于在这一刻化为云烟。

说到底，这个世界上永远不缺少仇恨，但它却不能当这个世界永远主宰一切的帝王。

爱是伤害伤害不了的

当一切事物都变得值得感激与感恩，你的情绪便稳定在阳光、善意、博大的层面，那阴暗、鄙陋、仇恨、计较、愤怒、失落、怀疑的情绪被驱散净尽，长长的几十年，是一个更加美好的人生。

有一个美国小男孩，他一直觉得自己很不幸，因为父亲粗暴而专横。更可恶的是，一次又一次熄灭他对于人生的梦想。

比如他在很小的时候，别的小孩披上大毛巾当自己是超人，他却披上大毛巾觉得自己是神父。父亲却告诉他："别乱想。"因为"你还不知道你要什么，你太年轻了……你不会去上神学院。将那念头赶出你的脑子。"他跑到后院，把鼻子埋进正在盛放的紫丁香花丛，哭了。

还有一次，他想当钢琴家。因为他能坐在一架钢琴旁，弹出仅仅听过一遍的简单曲调，对任何想尝试一弹的新歌，只要花两分钟，便会找到正确的音符。

有一天，妈妈买回一架旧钢琴，从此，它就成了他最好的朋友。他不但能够像拣拾四处散落的珠子一样捡拾熟练的曲调，而且还能够自我创造，就好像他的灵魂一直在唱歌，而他只需要把它们在琴键上记录下来。

他每天最快乐的事就是飞奔到钢琴边敲敲打打，父亲则忍无可忍地说："别再用力敲打那烂琴了！"

有一天，楼下传来可怕的噪声，他跳下床去看，原来爸爸正在把他的钢琴拆成一堆烂木片！他用一个铁锤用力地往里面锤，然后用铁橇撕拉它。他呆立着，吓坏了，眼泪滂沱而下。爸爸说："它占了这儿太多地方。该丢掉了。"

他转身跑回房间，痛苦地哀号。直到今日，人生长路过半，他仍旧能够体验那种哀恸。

此后他一直不肯下床，爸爸则不许妈妈给他送饭。爸爸已经习惯了他的"老大"的权威，家里的每个人都只需带上笑容接受他的支配。但是即使是他，后来也意识到事件的严重性。

最后，他来到儿子的门前，彬彬有礼地敲门，请儿子允许他进去。那天，父子谈了很长时间，父亲专门为此向他道歉，说没想到这架旧钢琴对他的意义如此之重大。最后，父亲说："我们会给你买一架新的、小的钢琴，你可以把它放在你的卧房。"他兴奋得喘不过气来，久久地用力拥抱父亲。

过了几星期，什么事也没发生。他想："哦，他在等我的生日。"

他的生日到了，并没有钢琴。他想："他要等到圣诞节。"

当圣诞节来临，小型钢琴并没有出现。

一天天过去，他终于明白：爸爸当初根本就没有想要实践那诺言。他只是想骗自己出去吃饭。

这件小事在他的人生长河中看上去微不足道，但却对整个人生如此重要。被伤害、被欺骗、被辜负的感觉让他久久不能忘怀。

他高中的时候加入鼓号乐队、合唱团、管弦乐团，参加摄影社，当上校刊记者，还加入戏剧社、西洋棋社，还参加了辩论队，而且还每晚为一家当地广播电台做高中运动报道——他却没有想到，这样一份完全免费而义务的工作就此使他开始一个长达三十三年之久的事业。

而这一切，就是为了想要在父亲面前扬眉吐气一番，以此告诉他：你看，我做得一点都不差。可是父亲总是处之淡然，无论他拿什么样的冠军奖牌回家，父亲都只平淡地说："我预期你不会得更差的。"他多么想听到父亲有一天说这样的话啊："儿子，真了不起，我以你为傲。"所以，他就只有更加努力，一直努力，心里不是无怨怼。

直到有一天，他突然明白过来：

他没有当成传教士，没有当成钢琴家，没有当成自己想当的种种人，却发现和发扬了自己的广播天才。他的父亲"逼迫"他养成奋发努力的好习惯——用别具一格的方式促使他蜕变得更美丽，好让他能够体验到自己的生命可以活得多华丽。

他的父亲为使他走到人生的聚光灯下而狠狠地推了他一把，他却恨了父亲这么多年。

你看，世间事就是如此，只要换个角度看，伤害也就不存在。没有受害者，没有恶棍，没有好人和坏人。每个人来到你的身边，手里都带着给你的礼物——哪怕他们自己都没意识到，让你成长，让你健壮，让你深思，让你睿智。

所有这些都是爱。

——爱是伤害不了的。

和自己的亲人，更是如此，只能如此。可惜这个道理，我们这些做孩子的，很多都不明白。

无法宽恕时，也可不宽恕

所谓的宽恕，就是有人伤害了你，你却拿来审视自己。以人为镜，照见内心的软弱、狭隘和阴暗。既是种种不是，他有我亦有，又何必执着，不肯宽恕？

我一直在想一个问题：如果实在做不到宽恕，怎么办？

就像金星说的，人不犯我，我不犯人；人若犯我，礼让三分；人再犯我，斩草除根。话是严重了点儿，不过人与人之间的边界毕竟分明，若是感觉被人踏破了底线，无法宽容，却要顾及到所谓的做人的大度的美德，以及想要得人称赞，于是违心地宽容，过后再悔恨，那恰恰成了对自己的不宽容。

所以，若对方做错了事，实在无法宽恕，也可以不宽恕。

一个知名的电台主持人的小儿子被歹徒绑架并杀害，他虽然知道是谁犯的罪，但是警方因找不到足够的证据，只能让罪犯逍遥法外。他无法宽恕。但是，他没有以牙还牙，让歹徒以命相偿，而是把愤怒转为更大的生命能量，争取更多的儿童福利，成立组织协助寻找失踪儿童，慰问受害者，帮助他们伸张正义。他的努力使得数百名拐卖、绑架、残害儿童的歹徒落网。

还有两个兄弟，他们的母亲在他们小的时候虐待和遗弃他们，二十多年后再见面时，母亲仍旧没有一丝一毫的悔改与歉意。这两个兄弟对母亲一直无法宽恕，但是，也没有对母亲置之不理，而是在尽孝道的同时，把母亲的轻狂、孟浪、不负责任视作前车之鉴，而使自己都成长为负责任的、慷慨的、心怀仁慈与善念的人。

还有一个女子，长期照顾年迈父亲，直至父亲去世。她唯一的弟弟不但在父亲生时对他不闻不问，而且在父亲去世后，串通律师搞鬼，在父亲的遗嘱上做手脚，把父亲所有的财产全部窃取，只留给姐姐一只父亲的旧怀表。甚至当姐姐向弟弟要这只怀表纪念父亲的时候，弟弟还把表扔在地上，踩成碎片。她心怀愤怒，也无法宽恕。

——那么好吧。既然无法宽恕，那就不宽恕好了。我们完全不必为了要显示自己的胸怀与大量，给予对方不诚恳的、虚假的宽恕，倒不如把这种情绪转化为正面力量，带着它，向生命纵深处继续前进。

我也一直在想另一个问题：如果自己做了错事，怎么办？比如说，你是那个杀害幼儿的歹徒，你是那个遗弃儿子的母亲，你是那个不义的弟弟？

人难免行差踏错，放眼看去，整个世界的人都像一个个的瓷器，在行走的过程中备受磕碰与撞击，布满裂纹。有别人磕伤自己的时候，就有自己磕

伤别人的时候。把别人伤得体无完肤、痛不欲生的不见得都是坏蛋，也许就是年少轻狂或者老来孟浪。而且，就算是坏蛋又怎么样？连佛家都讲“放下屠刀，立地成佛”。

所以，最要紧的，是正视自己的过错，起码要感到因为伤害了别人而内疚。当我们因为狠狠地伤害了别人而感到内疚，那么，恭喜你，你是一个天良未泯的人。还需要怎样的惩罚呢？你的内疚就已经代替天道惩罚了你自己。但是，长期的内疚是有害的，毕竟这是一种负能量。倒不如带着“人都是会犯错的动物”的认知，正视自己的错误，然后尝试着做更好的事情，当更好的人，以此来作为宽恕自己的砝码。

宽恕了自己的种种，也就有胸怀宽恕别人的种种，假如有人中伤了你，你就会这样想：如我是他，我也未必能做到光明正大、坦荡磊落；假如有人报复了你，你就会这样想：如我是他，我也未必能够逃脱睚眦必报的狭隘；假如有人压制了你，你就会这样想：如我是他，我也未必能够不嫉贤妒能……

越是这样推人及己，越表示内心的强大无敌。因你理解与宽恕别人，便是理解与宽恕自己。一个理解和宽恕自己的人，如星光下的浩渺沉静的大海。

当把宽恕之光涵盖到最大，宽恕就消失了：既然大家都是一样的，还有什么好宽恕的呢？于是就不会因为不被宽恕而愤怒，因愤怒而伤害，因伤害而被判罪，因害怕被判罪而重新愤怒……周而复始，于是，藉由宽恕，达到平安。

第8章

除去一分傲气：人淡如菊难自傲，心素如简韵天然

让朴实的生命，静听一曲旋律

生命是需要稳和静的，就像《红楼梦》里的大观园，有那样金粉玉砌的所在，就有稻香村这样的幽静之所可以养静，可以读书，可以于落雪落雨之际，去品生命况味。

进门先听蝈蝈叫。对面墙上迎头一匾："独凹斋"，问主人何意——主人高瘦，剑眉薄唇，眼风如刀，如今七十余岁，尚可想见昔日风采，说："唯独我低。"窗下一张硕大的书案，铺着台布，上面累累的不知道堆着些什么东西。书案边右肘旁是墙而不见墙，被书架占了整整一个墙面。

此番来拜访的这位老先生，是一个在邻县颇有些名气的书画家。

他除了当年画得一手的好连环画外，还会画不俗的国画。见到他几幅画：《屈原》《日子越过越红火》《鹫》《昨夜西山好大雪》。画里的屈原头发凌乱，乌苍的面，宽袍高冠，那样的拧眉瞪目，得是心里装了多少的不平事，郁愤快要破体而出。他整个人是白色的，却被重重的黑墨黑云包裹滃染，黑云眼看就、就要吞没他了！不晓得这画是什么时候画的，只让看这画的人，心底勾起大爱大恨，好像自己曾经有过这么一回子的前生。

《日子越过越红火》，是真的红红火火，没画笑逐颜开的人，没画天上飞纸鸢，没画大囤冒尖小囤流，什么都没有，只有满坑满谷的红灯笼。圆的，大的，像吃撑了的月亮。红得都发黑了的那种红，红里亮着一线的黄，那是笼里点的灯，勉力才能冲淡一点猩红。那样喜悦到有了一点凄凉的喜庆，让人心里高兴到发了疼。

还有《鹫》，鹫瞪目，喙如钩，浓浓两大笔，是它收拢起来的庞大黑翅，画者没有给它一块石、一根枝，它就那么栖在一片白的虚空里，瞪目下视，仿佛下方是他瞧不上眼的尘寰。

如今春初，杏花开，柳树都抽了长长的丝。去年一冬几乎未曾见雪，此时看《昨夜西山好大雪》，觉得这雪都给下到画里了。雪不白，莽莽苍苍的黑夜黑谷黑山，星星点点的白雪，黑和白搅在一起，像银河泼落倾翻，漫天星子混搅，看得人目眩肝颤。哪里有这样的雪，什么时候有这样的雪！

进他家红砖的旧旧的四合小院前，先看门上对联，他自己手书，吉祥话，草字也写得像云头一样。这么一个人，就那么整日整日地空屋栖居，花草为伴，笔墨娱生，听蝈蝈声声。这种对生命的处置方式，真的是朴实里透出来的稳和静。

一个朋友十分苦恼，因为她的老公多年坐高位，如今要退休，心理落差大，整天在家里无事生非。朋友早在十多年前就劝他多读些书，开阔一下心胸，不要把生命重点完全放在事务性的工作上，否则怕将来生命中没有后花园，退休后的日子无以为继，他却不肯听。

通常我们对待生命，就像对待一个橙子，只恨不得把它完完全全挤榨出汁：这一滴可以出多大的名，这一滴可以赚多少的钱，这一滴可以抱得什么样的美人归，这一滴可以经营出什么样的事业，待到汁将榨完，生命感觉到了干枯和无趣，到这个时候，却已经离朴实太远，即使幽微处有什么好的旋律在响，我们有耳却听不见。

早知如此，现在就多读些好书，听些好音乐，见识些好世界，使生命稳静下来吧。

傲慢生偏见，偏见难淡然

每个人的道路都自有它的道理，每个人的真理也自有它的道理。我也许不同意你的观点，但我一定会捍卫你表达观点的权利——这，就是不傲慢的好，它不会滋生偏见。

朋友来电话，说因为自己出了一本小说，本地宣传部要报“五个一工程”奖，结果到了市作协主席这里，这厮看都不看一眼，就说这是低俗文学，不予申报。这个作协主席好傲慢。

去医院看病，一个衣着寒酸的老头子颤抖着摸进内科的门，问：“中医科在哪儿……”一个小护士，白衣白帽，面庞光洁美好，声调却冷冰冰如大理石：“这儿是内一科，不是中医科，出去！”那一刻我希望自己立刻就是医院院长，可以劈头盖脸把她教训一顿：看你还敢不敢这么傲慢。

人为什么会傲慢？不过因它的背后是得意，得意的背后是自认能干，自认能干的背后是一叶障目，不见泰山；一叶障目，不见泰山了，只能在螺丝壳里做道场；而在螺丝壳里做道场的结果，不是郑重的滑稽，就是庄严的傲慢。

《红楼梦》里，刘姥姥初到荣国府，就见几个人挺胸腆肚，指手画脚，坐在大板凳上说东道西。刘姥姥问一句：“太爷们纳福。”他们也只是眼角扫一下子，怠答不理，其实不过看门人而已；还有晏子的车夫，赶车走在闹市上，坐在车后的晏子满面谦和，他却洋洋得意，鞭花甩得啪啪响，大叫“让开！让开！”这些人明明身份低微，却因为有所依附而心生傲慢，因为傲慢又对别人产生偏见，觉得谁都不如自己。在这种心态下，想谦逊都不成，必定会遇见不如自己的人就趾高气扬，遇见比自己强的人又奴颜婢膝。“淡然”，恐怕他们都不晓得是什么意思。

傲慢的结果有的时候是自取其辱，比如《夜航船》里载一事：有一和尚与一读书人同宿夜航船。读书人高谈阔论，僧畏慑，拳足而寝。僧人听其语有破绽，乃曰：“请问相公，澹台灭明是一个人、两个人？”读书人曰：“是两个人。”僧曰：“这等尧舜是一个人、两个人？”读书人曰：“自然是一个人！”僧乃笑曰：“这等说起来，且待小僧伸伸脚。”呵呵。在这里傲慢也不过一层纸，戳破之后挡不住的春光外泄；有的时候是被更强大的人教训，甚至被命运教训，所以奴隶把奴隶主打败了，平民把贵族拉下马来；白人对黑人的傲慢无以复加，公车上连黑人的座位也没有，到后来黑人连总统都当上了。《红楼梦》里，贾府倒台，一干家人发卖，往日挺胸腆肚的家伙们一个个成了霜打的茄子，任人往身上扔烂菜叶臭鸡蛋。可见傲慢这种东西带戾气，不祥，如同飞镖，本来拿去飞别人，最后总会镖回自己身上。

有一个编剧叫史航的，说每个人都活在成见里面，这话原来是真的。所谓的成见，不过就是以有限的自身经验，去衡量无限的大千世界，然后得出符合圣意的结论——这个结论 99% 都逃不脱傲慢与偏见。

所以我们到处都会听到种种掺杂着傲慢和偏见的论调：女人说“我们是好听众”，男人则说“我们有进取心”；男人说“女人没有上进心”，女人则说“男人不是好听众”；日本人说“我们讲礼貌”，中国人则说“我们幼吾幼以及人之幼，老吾老以及人之老”，而美国人则喜滋滋地到处讲：“我们最擅长运动，不信你看迈克尔·乔丹。”中国人说“日本人不尊老爱幼”，日本人则说“中国人不讲礼貌”，然后大家一起指着美国人说：“你们有什么呀？不就是头脑简单、四肢发达吗？”

而且贫穷的人有贫穷的人的傲慢，就是觉得虽然你腰缠万贯，却是食不知味寝不安枕的可怜虫，守财奴；富有的人有富有的人的傲慢，觉得虽然你清高，实际上不过是不名一文吃菜根嚼树皮的穷光蛋。于是大家就分为两个阵营，看向对方的眼光里互射出来傲慢和偏见的子弹。

小说《没有桥梁的河流》里有一个特索，他卖馒头永远只用高质量的糖，放最好的芝麻油，让馒头又香又甜。可是他的门前却永远鞍马冷落——原来他从前是一个焚尸人："你能指望一个焚尸人做出什么好馒头吗？"

《飘》里面，南方种植园主使唤大批奴隶，有天分的聪明"黑鬼"才有资格去学习赶马车、搞修理，没天分的就只能乖乖下大田、摘棉花。这些富翁打死也不会想到，"黑鬼"在不远的将来居然能当演员、明星、律师、富翁和总统。

所以说，所有人都可能被傲慢和偏见支使得团团转。正见其实蛮难的，毕竟我们都活在自己的标准和见解里面。唯其多些见识，才能宽广一些胸怀，才能更多地容纳别人的意见，才能使自己的偏见逐渐不那么偏。而一个偏见很少的人，心理也是平静淡然的，因为他知道一个道理：每个人有每个人的真理。

身在边缘也可以过好人生

> 际遇如火，骄傲如金。珍重对待生命，不教时日空过，无论怎样的波峰浪谷，都无损于我们的骄傲。遇吉不喜，遇凶不怒，坦坦荡荡，宽宽静静中，一生就这么有尊严地过去了。

中国现代作家沈从文，他的成就看似辉煌，可是他的人生一点都不辉煌。郭沫若1948年在香港发表《斥反动文艺》，专打沈从文，将沈从文定性为"桃红色的"反动作家。新中国成立以后，沈从文不能授课，不能写作，被打发到历史博物馆，当了讲解员。他没有自己的办公室，别人都有，就他没有。他的边缘生活开始了："每天虽和一些人同在一起，其实许多同事就不相熟。自以为熟习我的，必然是极不理解我的。一听到大家说笑声，我似乎和梦里一样。生活浮在这类不相干笑语中，越说越远。"而新中国成立之后的几十年，文艺界的著名人士，也大多对他不好："那些身在北京城的人，也像是在北京城打听不出我的住址，从不想到找找我。"

被边缘化后，他每天的生活就是天不亮出门，在北新桥上买个烤白薯暖手，坐电车到天安门时，门还没有开，就坐下来看天空星月，开了门再进去。晚上回家，有时大雨，就披个破麻袋。就这么冷落，这么寂寞。

大约沈从文去世三年前，一位女记者问起他"文革"时的情形。他说："我在'文革'里最大的功劳是扫厕所，特别是女厕所，我打扫得可干净了。"女记者走过去拥着他的肩膀说了句："您真的受苦受委屈了！"没想到，他突然抱着女记者的胳膊，号啕大哭起来，很久很久。

多么残酷。

可是在这种冷落和寂寞中，他却埋头搞文物研究，写出了《中国古代服饰研究》，编写了《中国古代服饰资料》，还写了《中国绸缎史》《山水画史》《陶瓷加工艺术史》《扇子和灯的应用史》《金石加工史》等著作。

《沈从文的后半生》的作者张新颖感叹："当我们说绝境的时候，总会以为是很大的关口。但更折磨人的，是每天面临的日常生活的那些困窘和不堪。比如他在历史博物馆，上那么多年班，连个办公室和桌子都没有！在大的政治的不堪境遇之外，能面对每一天这样不顺心的琐事，就很不容易。沈从文不是完人，但他了不起，一边发牢骚，一边还干实事。"

之所以能干实事，是因为他重新给自己找到了人生的寄托。这些旧的花花朵朵、瓶瓶罐罐支持他走过了几十年。可以说他成就了这些花花朵朵、瓶瓶罐罐，使它们不至于被时间的尘土埋没；也可以说这些花花朵朵、瓶瓶罐罐成就了他，使他的生命力不致于被时间的尘土埋没。

没有谁不想站立在聚光灯下，被掌声包围，万众瞩目；也没有谁不曾做过英雄梦，想着登高一呼，应者群集。可是到底普通人多，这样的机会却总归是少的；就算有了这样的机会，又有谁能永远站在聚光灯下，永远当个大英雄呢？不定什么时候，因什么原因，就会被生活的大浪推开，站在旁边，看着别人热热闹闹，只有冷清是自己的。

现在媒体上经常会报道一些人自愿放弃繁华都市生活，在农村租了田地种花种菜的故事，这些人，也是自愿被汹涌的经济社会边缘化，过一种简单舒适的生活。事实证明，他们还真的过得挺好的。被动的边缘化也许是一种悲剧，若是在被边缘化的时候，找到有意义的事情来做，坏事又成了好事；主动而积极的边缘化根本就是彻头彻尾的喜事，对生命不曾辜负，何来人生过好过不好之说？

东篱黄菊和酒栽

“归去来兮，田园将芜胡不归？”现代人没有陶渊明的幸运，不是所有人在厌倦了都市生活后，都可以有一个田园迎接自己的归来。实在没办法的时候，我们可以在心里给自己营造一个独属于自己的田园，那里有如烟蔓草，有夕照，有落英。

我出身农村，老家还有二亩薄田。我早打算好了，等我老了，城市生活也过够了，就解甲归田。三间清凉瓦屋，一个农家小院，院前一棵钻天杨，院后一块小菜地。五爪朝天的红辣椒，细长袅娜的丝瓜，丝瓜旺盛的时候，大家抢着往绳上缠，一捆一捆的黄花。长豆角在架上爬呀爬。

清早起来，掐两根丝瓜，一把红辣椒，在大锅里用铲“嗞啦嗞啦”地炒。或者到菜园子里拔两棵嫩白菜，旺火，重油，三五分钟出锅，香喷喷一碗菜就上桌了。再拔两根羊角葱，在砧板上噔噔地斩碎，香油细盐调味。煮一锅新米粥，上面结一层鲜皮。转圈贴一锅饼子。放下小饭桌，一边吃饭，回忆一些陈芝麻烂谷子的旧事。那时候想必我的姑娘已经成家立业，一到过年过节，就会带着她的娃娃来看我。小娃娃进门就一边叫“姥姥”，一边蹒跚着小短腿往前跑，我抱起来亲一下，再亲一下。

春天里薄幕清寒，五更时落几点微雨。这样的天气不宜出门。现成的青蒜嫩韭炒鸡蛋，一小壶酒，眼看着门外青草一丝丝漫向天边，比雪地荒凉。

夏天嘛，很豪华，很盛大的。远田近树，绿雾一样的叶子把全村都笼罩了。蛋圆的小叶子是槐树，巴掌大的叶子是杨树，还有丝丝垂柳。向日葵开黄花，玉米怀里抱着娃娃，娃娃戴着红缨帽，齐刷刷站立。

搬把凉椅，坐在树下，仰头看叶隙里星星点点的蓝天。一群群的白云像虎、像猫、像大老鹰，一片片的草绵延着往外伸展，有的脑袋上顶一朵大花，像戴一顶草帽，摇摇晃晃，怪累的。蜜蜂这东西薄翼细腰，大复眼，花格肚子，六足沾满金黄的花粉。

然后秋天就来了，玉米也该收了，高粱红通通的，天蓝得像水，风渐渐变凉，使人忧伤。夜夜有如德富芦花的诗：“日暮水白，两岸昏黑。秋虫夹河齐鸣，时有鲻鱼高跳，画出银白水纹。”谁此时没有房子，就不必建造，谁此时孤独，就永远孤独。

冬天到处一片白，干净，利索，一场厚雪下来，枯草埋住了，路旁的粪堆埋住了，一切的一切都堆成浑圆的馍馍。走出家门，一无遮拦，一马平川的白色。

农村不是天堂，自古及今，它的象征意义都是多面的，既安闲隐逸，又辛苦寡薄。可是，人类从土地中诞生、成长，无论怎样显赫尊贵，抑或困窘贫寒，都有一种回归土地的本能的欲望。我是幸运的，将来有这么一个可意的栖身之所。其实，对于辛苦的现代人来说，哪怕没有丘山，没有田园，只要心在，梦在，一样可以东篱黄菊和酒栽。

素心如简，人淡如菊

世事如墨，蘸之而写一纸素心；人间恩仇，炼化则成如菊清淡。把虚名看虚，自然不轻不狂；把自我看轻，也便不俗不厌。

前些年参加过一次文学活动，遇到了不少“老”朋友。因为经常在报章杂志上见到大名，人却是第一次谋面，所以倍觉新鲜。

有一个朋友给我印象很深刻，因为无论坐在车里，还是行走路上，只听得见他一个人在说话。每见到一个人，他就会向人家展示自己的文学成就，什么出过多少多少本书啦，发表过多少多少篇文章，甚至把那些报刊杂志的名字也一一报来，如数家珍，又说自己的文章被哪些媒体转载，“乖乖隆的咚，轰动的嘞……”这是他的原话。

见到一个人就说一遍，再见到一个人又说一遍，一共十几个人，他就基本上重复了十几遍；然后在车上说一遍，在饭桌上说一遍，走在路上说一遍，每一遍的讲述他自己都觉得是第一次讲述，于旁人的耳朵却是又一次荼毒，大家既不能把耳朵捂上，又张不开嘴来阻止。

同车而坐的还有另一位“老”朋友，也是初次见面，吓我一跳。这可真是意外，看他的文章那么精到老成，还以为年逾四十，却原来还是八零后的小毛头。我悄悄问他出了多少本书，他说十几本了。他在最有资格轻狂的年龄和最有资本吹嘘的时候，却选择了乖乖坐在车上，默不作声。

而那位生命不息噪音不止的仁兄，已经是陌上梨花吹满头，根根银丝藏不住。

所以我很自然地远前而近后，选择和这位小仁兄坐在一起，悄悄说话，虚心讨教。因为这个人的身上散发着令人很舒服的气质，简素，清淡，沉默，温暖。真的是人淡如菊，素心如简。

沉默的谦虚和谦虚的沉默，永远都是令人觉得舒服的。

而浮躁的轻狂和一刻也不肯停的喧嚣，总是令人难受。

到现在还记得高中时的一个邻班同学，个矮面肥，皮肤油黑发亮，走路一扭十八弯，被一帮刀口无德的男生讥为“丑女蛇”，伊却偏偏越是在他们面前，越喜欢大声地笑，夸张地闹，一边笑着、闹着，一边把眼神一瞥，然后把落在额前的发丝一掠，然后再一瞥，又一掠，这样瞥瞥掠掠中，走过了高中三年。

——这个并没有什么不好。青春么，就是要轻，就是要狂，无论这个世界在中年人眼里是怎样的柴米油盐，名疆利场，在青春正盛的人那里，它就是遍地桃花开的心神荡漾。所以我喜欢看年轻人的轻狂：轻是真轻，狂也真狂。但是若到年逾四十的时候，还要轻狂，在自己是尴尬，在别人是怜悯，更会便宜那一等刻薄人，歪着嘴巴笑半天。

一个二十来岁的青年小友，一定要引我为同道，“咱们这些作家，都是写散文出身……”我惭愧，赶紧声明：“第一，我不是作家；第二，我也不是写散文出身，没有一点成就，哪里就敢自言‘出身’！”

“你不必客气，”他语气昂然，“我们的功力都已经达到十分上乘的境界，所以，我准备要在某某杂志开专栏。”我疑惑：“这是期刊界的老大，从它诞生之日起，就从来没有为任何作者开过专栏，哪怕你著作等身，世界扬名……”

“我开了，不就有了么？而且我希望你也能在那里开专栏，我们要横扫文坛，灭尽千军。三年之内，赶超鲁迅与曹雪芹……”

一边听一边羡慕，战战栗栗，汗不敢出。原来轻狂真是阶段性的消费品，年青人哪怕头顶三千尺的气焰，也是好看。可是要我轻狂，我却不敢。青春已过，世情洞然，自身如蚁，世界如象，叫我伸出腿来，绊大象一跌，我怎么敢！若是我也不知轻重，豪言壮语一番，那就不是青春阵发性的轻狂，而是尘世风骚不自知的轻狂，就像赵树理笔下那个何仙姑，小鞋上仍要绣花，裤腿上仍要镶边，顶门上的头发脱光了，用黑手帕盖起来，可惜宫粉涂不平脸上的皱纹，“看起来好像驴粪蛋上下了霜。”

第 9 章

拒绝一分贪欲：不为诱饵怎吞钩，不为贪婪岂落网

功名利禄，身外之物

红尘争战，名疆利场，容易迷失，所以需要保持一份清醒，进亦能进，退亦能退，方显得舒卷自如。

出去吃饭，遇到我的一个学生。

还记得当初我讲课，他坐在下面，清澈的眼睛像溪水，透着深思的神色。我任教的职高班没有什么升学压力，因而学风总是比较懒散，只有他一字一句很认真地跟着我念：种豆南山下，草盛豆苗稀。有时候看着下面的学生像被风吹得倒伏的东倒西歪的麦子，甚至会想，我这一堂课，其实就是讲给他一个人听的。

后来他毕业了，几年后再在街头遇见，我们擦肩而过。我知道他是我的学生，可是他不记得我是他的老师了。

我有一点小小的难过，不过人生就是这样。

这次我是跟着一位当政府官员的朋友一起去的，人家是请他，不是请我，我只是个陪客。

大家落座，纷纷举杯，这个学生就坐在我的下首，一下子站起来，恭恭敬敬对我说："闫老师，我敬您。"

我惊了："你还认得我？"

他说："是啊，当然了，我还记得您教我的诗呢：种豆南山下，草盛豆苗稀，晨起理荒秽，戴月荷锄归。"

可是，记得我，在超市里、在长街上，打个招呼，很难吗？

然后，他附在我的耳边，悄悄地问："老师，您和赵局长是什么关系？亲戚还是同学？"

我说："都不是，我们是朋友。"

"啊，哦，"他点点头，"请您替我在他跟前美言几句哦。我在他分管的乡镇当检验员呢。"

我点点头："好的。"

他马上感激涕零地说："那拜托了。老师我敬您，我干杯，您随意。"

我举杯浅浅啜了一口，放下了。

刚才他的眼神，好像带着钩子。而且他的话也好像抹着油，因为他已经开始向我的朋友敬酒："赵局长工作兢兢业业，能力又强，在您的领导下做事，是我的荣幸……"

为什么我的心里这么难过。

一个闺蜜参加同学会，回来跟我哭诉，说她见到大学时暗恋的一个男生了。那个男生高高帅帅的，穿着白衬衣灰西裤，像是阳光下生长的一棵白杨树。别的学生玩游戏，胡吃海喝，他每天安安静静地上课，笔记记得一丝不苟。别的男生浑身脏兮兮，他的衣服总是干干净净。她说："像我这么平凡的人，怎么配得上爱他呢？只要安安静静地看着他就好了。"

毕业后，她一直怀念了他十五年，这次终于见着，可是，"他挺着一个腐败的大肚皮，满嘴的油腔滑调，一边跟我打着官腔，一边递给我一张名片，上面写着'副科长'，更要命的是下面还有三个字：'没科长。'"她哭了："他怎么这样啊。我宁愿他一直一直不知道我喜欢他，也不愿意看到他变得让我一点念想也留不下。"

是啊，怎么都变成这样了呢？都是功名利禄惹的祸。

我们身处的社会就是一个巨大的竞技场，我们衡量胜负的唯一标准就是功名利禄，谁当官了，大家就纷纷巴结；谁发财了，大家就纷纷巴结。我的一个亲戚坐着我的普通汽车，一边说："甘子的汽车肯定比你的好。"甘子也是我的亲戚，他是开工厂、做生意的。我笑了："就是甘子开着一辆拖拉机，你也得说他的拖拉机好。”我这个亲戚毫无羞色：“就是的。大老板们开什么车都好，抽什么烟都好，喝什么酒都好。”一边亲昵地问坐在旁边的甘子：“你说是不，甘大老板？”可怜，甘子得叫他姑夫。

功名利禄确实很好，就像一棵树挂满了彩灯，卓然出众，且又令人享受到普通人享受不到的风光。可是这种东西毕竟是暂时的，节日一过，彩灯便撤，谁会让它连明彻夜地亮着呢？想明白了这一点，看这功名利禄的心也就淡了。自家的功名利禄不至于拿来当成什么不得了的东西炫耀，也不至于对着别人家的功名利禄把口水流得三尺长。

这山和那山其实一样高

我们总是这山望着那山高，在比比较较中，失去了平常心。其实与其贪婪地羡慕别人，不如悦纳自己的生活，悦纳自己的高度，才能活得更平静、更快乐。

一个人，生活在一片破落的村庄。隔着一条大河，有一个仙境一样美的地方，那里整日云雾缭绕，太阳一出，云雾散去，鳞次栉比的房屋又像水墨画一样。他想：“啊，要是能到那里生活就好了。”于是，有一天，他下定决心，整理行装，启程了。

当他辛辛苦苦到达那里，才发现那里的村庄一样破落，那里的人们和自己家乡的人毫无二致。隔河望去，自己的家乡也美丽得如同仙境，云雾缭绕；当云雾散去，房屋也如水墨，引人遐思。

真是一个隐喻式的故事。我们的人生就时时处在这样的矛盾之中，总是觉得身处的环境不好，正在做的工作不好，享受到的待遇不好，挣到的钱太少；可是当我们换一种身份，挣了大钱，得了大名，又会觉得还不如平平淡淡的生活更好。

说到底，我们总是这山望着那山高，其实却是这山和那山一样高。你觉得这里的山好，那么别处的山就一样好；你觉得这里的山不好，那么别处的山一样不好。

就像一个人从一个小镇搬到另一个小镇，询问当地的一个老者："这里的人们好不好？"老者反问："你家乡的人好不好？"他说："我家乡的人都好极了，既热情又善良。""那么，"老者说，"这里的人也都好极了，既热情又善良。"

另一个人也从一个小镇搬到了这个小镇，也询问这个老者同样的问题，老者也反问："你家乡的人好不好？"他说："我家乡的人都坏透了，既冷漠又奸诈。""那么，"老者说，"这里的人也都坏透了，既冷漠又奸诈。"

高低好坏，其实都在自己的心。心平世路平，心险世路险。

我有一个学生，一直很努力，但是成绩却始终不见起色。不过从小学到现在，他的人缘都很好。我问学生们的理想，相对于文学家、科学家、航天员这些高瞻远瞩的理想来说，他想当一个幼儿园叔叔。我建议他去做一个心理咨询师，因为他很会照顾和抚慰别人的心理。去年期末考试之前，大家起五更睡半夜，搞得一个个黑口黑面，满目凌乱，其形可怖，其状可悯，班里气氛一路降至冰点。这家伙却倒腾出攒了一肚皮的冷笑话热笑话，一到课余时间就讲给大家听，刚开始几个人围着他，后来一群人围着他，个个抱着肚子狂笑，原本沉闷的气氛一扫而空，整个班级重新变得和谐而生动，而且到最后班级总成绩不降反升。那段时间我看他真像是拿着心理按摩棒给大家做全身心的按摩呢。

于是，经过慎重考虑，这孩子的理想重新确立：将来有一天，要穿着白大褂，戴着小眼镜，摆出一脸和蔼可亲的面部表情，接待来来往往的人：给勤奋拼搏的人轻松愉快的疏导，给郁闷消极的人积极生活的动力，给需要鼓励和肯定的人以鲜花和掌声，给需要冷静、安静、镇静的人泼泼冷水降降温，总之，在心理咨询师这一伟大的事业中，贯彻他从小就具备的为人民服务的崇高精神……

这个孩子，我是不指望他考上重点大学，然后出国留洋之类之类的，毕竟他的天资不在这里。这个世界就注定有的人能够站在领奖台上，有的人却鲜少有机会举起晶光耀眼的奖杯，但是，谁说站在台上领奖的和坐在台下鼓掌的不都是英雄呢？

贪心的鱼才易吞饵

钱有什么罪？美貌又有什么罪？高官厚禄有什么罪？有罪的，是藏在心里的那个“贪”字。

战国时代，晋国要进攻虢国，需向虞国借路，就用良马、玉璧送给虞国。虞国和虢国本来是唇亡齿寒的紧密相依相附的关系，可是虞公贪图人家的大礼，借道给晋，结果晋国灭掉虢国，回来顺道就把虞国灭了。

秦惠文王为了离间齐国和楚国，派张仪向楚王说：“楚若能断绝齐交，秦就给楚以商於六百里地酬谢。”楚怀王贪图人家的土地，不听大臣劝阻，果然和齐国绝交。结果张仪翻脸不认账，说约好的是给六里地，而不是六百里。怀王恼怒，兴师伐秦，结果大败，齐国坐视不救。此后连年吃败仗，为求和到秦国，又被拘禁，被强迫割地。怒而出走，终死于秦。

看来“贪”真的是人间流行，连国君都避免不了。

隋文帝生活节俭，同时也要求官吏不许贪污受贿。他还想出了一个绝招：为了防止低级官吏贪污受贿，暗中派人向他们赠送钱帛，然后再把接受馈赠的家伙们一律斩首。

唐太宗也学会了这一手，派人给官吏行贿，结果有一名司门令史收受贿赂，太宗大怒，准备将他处死，幸亏朝臣反对他这种无视法律，随意处置人的做法，此人才免死。后来长孙顺德受贿时，唐太宗就当众赐给长孙顺德几十匹绢，让他蒙受耻辱。右卫大将军陈万福违法索取驿站数石麦麸，太宗就把麦麸赐给他，并让他自己背回去，以此羞辱他。

看看。凡是沾了一个“贪”字，哪怕死罪可免，活罪也难逃。

有一位犹太商人，旅途被劫，身无分文，欲向镇上人家借宿一宿，可是别人家里都没有位置，只有一个金饰店主家里有位置，但是他不收容任何人。

商人把金饰店主神秘地拉到一旁，从大衣口袋里取出一个沉重的小布包，小声地对他说：“砖头大小的黄金能卖多少钱啊？”

金饰店主眼睛立刻亮了，马上请商人睡在家里，期待估好价后，可以从商人身上大赚一笔。商人如愿住下，次日金饰店主问他要金子来估价，商人说：“我没金子啊，我只是想知道砖头大的金子到底能值多少钱罢了。”

商人就是利用了金饰店主的这个“贪”字，达成自己的目的。

这只是一件小事，不至于丧身亡命，可是现实中，因了一个“贪”字，无论是贪财，还是贪权，还是贪色，还是贪情贪爱，最终落得悲剧结局的，又有多少，可能数得清楚？

几年前，我在本地检察院工作，曾经去看守所采访过一个囚犯，一个六十九岁的老人，铁铐脚镣加身。一个四十多岁的漂亮女人求他为了自己杀掉一个人，他起初不肯，这个女人往他怀里一扎，一阵哭泣揉搓，他就软了，把那个得罪了女人的男人残忍杀害，所以如今要面临法律的严厉制裁。

有一种猴子爱偷大米，农民就利用猴子的这种小爱好来捉猴子。怎么捉法？把一只细颈瓶子系在大树上，瓶子里装上大米。晚上猴来了，小爪伸进瓶子里抓大米，可是伸进去如果攥上拳头就拿不出来，必须把爪撒开，把大米放下，才能把爪抽出来。可是它不肯，就那么攥着大米被拴在瓶子旁边。

农民来了，它也不肯跑，直到被抓住。就算被抓住了，它也不放开大米，必须要把大米吃进嘴里。

就这么可笑的一个故事，折射的却是苍凉的人性。“眼见他起高楼，眼见他宴宾客，眼见他楼塌了”，因贪而起的高楼，因贪而宴的宾客，结局就是楼塌树倒猢狲散，诸位，还一定要去吞那个叫作“贪”的饵吗？

拥有的东西越多越好吗？

不喜欢采购可以不采购，不喜欢大鱼大肉可以小菜清粥；中秋可以不吃月饼，情人节可以不买玫瑰和巧克力，圣诞节可以不装点圣诞树，元宵节可以不吃汤圆，不喜欢什么可以不去做什么，让日子简简单单，不必狂欢。

打开衣橱，四季衣裳层层叠叠：一件明黄色贴绣绿色长茎荷花的长袍，去年双十一的时候买的，却只在今年秋季的一个晚上穿出去过，枉我为了配它，还特地买了一双草绿的绣花布鞋和一条嫩绿的纱巾。实在是上班穿不出去，喝茶吧，每天忙来忙去，哪有时间参加多少茶局？

一条翠绿的绵绸阔腿长裤，也是看着好看，心动就买了，买回来就那么在衣橱里挂着。上班不能穿，开会不能穿，只有游玩的时候能穿，可是我有机会出门游玩的时候，却已经到了冬天。

一件中式大褂，灰色的底子上满身盘着银色的丝线，当初发神经想扮文艺家，买它来穿，自己却矮矮胖胖像个瓶，穿上它更显得身材阔大。只穿了一次，就那么挂起来了——想打发都打发不出去，没人肯穿。

一条裹裙，当初人家有自己也想有，可是买回来才发现穿不得：第一，不舒服，拘得慌；第二，不好看，越发显得腿像萝卜。

……满柜子的衣裳，穿来穿去，也不过就那么有数的几件罢了，别的，原来都是用不着的。用不着也罢了，又都是打发不出去的；摆在那里，又觉得心堵。

鞋子也是，袜子也是，穿的戴的都是。

连书都是。

家里的三个书柜都摆得满满当当，盛不下，扔到角落里堆堆叠叠的。为了这些个书，还特为买了一张大的书桌，摆了一张圈椅，桌子上摆好镇尺，放好了笔墨纸砚。好大好明亮的书房啊，我打开电脑，猫一次两次往键盘上跳。直到我抱着笔记本回到卧室，靠在床头，猫才安生地偎伴着我睡了。就这样，书房再也没用过，那么多书就那么寂寞地杵着。每天手不离手机，手机里装的电子书就够我看了——我也没有想当藏书家的奢望，所以，这么多书，这些书架，其实都已经没什么用处了。

家里的碗也是一摞一摞的，可是常用的也不过两三只罢了。逛超市买菜，贪心买了许多，却是红薯放了半年了也没来得及吃，青菜放得干黄了叶子。化妆品左一瓶右一瓶，有的还没开封就过了期。

可是还是禁不住想买，生怕衣裳鞋袜不够穿，首饰不够戴，碗筷不够使，鸡蛋肉菜不够吃……只是想着越多越好，越多越好，就像这世上的贪官似的：藏一屋子钱，却不敢花，可还是禁不住想囤着；攒那么多套房子，又住不上，就那么东一处西一处地撂着，跟定时炸弹似的；有那么多美女环绕，到最后能收获的真心实意又有多少呢？明明知道不过是一个又一个虚情假意的肥皂泡，可还是禁不住想左边多拥一个，右边多抱一个。

真的多多益善吗？还是想要尽可能多地拥有的心理背后，其实是恐惧呢？害怕什么都不够，于是让自己深陷多而无用的旋涡，一想起来就心里堵堵的。古人的话说得好，屋有千间，不过眠床一榻；姚明的话也说得好："我挣那么多钱，可是一天仍旧只能吃三顿饭。"知道如此，倒不如过一种简生活，只买对的，不买贵的；只要精的，不要多的；把生活收拾得干干净净，好留一块空地给月光，留一块空地给霜雪，留一块空地给竹影，留一块空地谁也不给，只是想一想，心里就清清爽爽。

戒除贪欲，人性才得完满

不贪婪不失命，不贪婪不亡身。我们需要时时检视自己的本心，看是不是起了贪意。贪意里总是暗含着杀机，一念之下，马失前蹄。

"花园已沉入了黄昏，正处在白昼与黑夜之间。一轮皎洁的月亮悬在清空，一盏灵堂里忘记关掉了的灯。"

这句话听着像寓言。

事实上，这只是那个叫做米兰·昆德拉的人在一本叫作《生命中不能承受之轻》的书里写给卡列宁的一句悼念。卡列宁是一条狗，是这本书里唯一生活得真正幸福的生命。而卡列宁之所以幸福，是因为它只是一条狗。每天都吃一模一样的两个面包圈，却不会向人类提出“我厌了，换一种食品给我”的要求。

而人则不然。人是需要更多、更好的“食品”的。

“终日奔忙只为饥，才得有食又思衣。置下绫罗身上穿，抬头却嫌房屋低。盖了高楼并大厦，床前缺少美貌妻。娇妻美妾都娶下，忽虑出门没马骑。买得高头金鞍马，马前马后少跟随。招了家人数十个，有钱没势被人欺。时来运转做知县，抱怨官小职位卑。做过尚书升阁老，朝思暮想要登基。一朝南面做天子，东征西讨打蛮夷。四海万国都降服，想和神仙下象棋。洞宾陪他把棋下，吩咐快做上天梯……”一首古代小曲，刻画出贪婪本心。

人性贪婪，大约也是胎里带的毛病。原始社会的时候，衣食不周是常事。野兽自产毛皮，夏换毛冬穿衣，有造物的恩赐，且天性愚痴无忧，所以合猎一只猎物，也一定要啃光最后一口肉，连骨髓都咬开吸过，才进行下一轮的追逐。人没有优势，既无法和天地鬼神相抗，又无法确保一辈子饱食暖衣，无灾无病，只好靠积累食物和建造住所来养育和保障自己。就连《西游记》里的妖精们，都想把猪八戒的肉腌起来，防备天阴。

可是天道循环，天理昭彰，所谓富不过三代。追求再多的东西，最后都会消散净尽。万历宰相张居正，被赐铜山的邓通，九千岁魏忠贤，试问又有哪一个有下梢?

这一个贪字，就是上帝给人类挖下的一块张着大嘴的墓地。人们扑通扑通往下掉，下面深不见底。我们亲眼见到多少贪者马失前蹄。有哪一个官员说，当初送我的钱钞，其实是而今送我上路的冥币。

杨澜采访崔永元的时候问：“你曾经遇到过的最大诱惑是什么？”崔永元直截了当地回答：“钱，走穴。有人让我给那个楼盘剪彩，最高价开到了一剪子50万元。”

杨澜又问：“那你为什么不去呢？”

崔永元回答：“我觉得我抵御不住，我是没法抑制自己的一个人。所以我想，一旦我爱上了剪彩之后，谁都拦不住我。我唯一的办法就是别去碰它，别沾这个事。今天坐在你面前，我如实地告诉你，我还是非常爱钱的。真的，我就是不敢用这种方式去挣。”

说白了，就是莫起贪心。谭维维唱《给你一点颜色》：“为什么天空变成灰色，为什么大地没有绿色，为什么人心不是红色，为什么雪山成了黑色，为什么犀牛没有了角，为什么大象没有了牙，为什么鲨鱼没有了鳍，为什么鸟儿没有了翅膀……”还能为什么？不就是一个“贪”字么！没有犀牛的角，你就死了么？没有大象的牙，你就死了么？还是不吃鱼翅你就死了，不用点翠的首饰你就死了，不穿皮草你就死了？

崔永元因为不起贪心，所以行走世间，红尘污浊，而他的衣裳鞋袜仍旧干净。我们的衣裳鞋袜，可谁也不敢保证就是一尘不染的。佛家三戒贪嗔痴，贪是第一。卡列宁死了，一只因单纯而幸福的狗去了天堂。忘记关掉的灯是给人走失的灵魂照一条回家的路。

第 10 章

放下一分惯性：
不识庐山真面目，只缘身在此山中

没有一件事是不幸运的

船到桥头自然直，凡事不必担心忧急。这个世界上的绝境，真的是很少很少。而我们自以为的绝境，转到它的背后，总会有路穿越迷雾。

我小时候的愿望是当一个语文老师。估计那时候被命运在面前摆上两个盘子：一个是金盘，盘里盛着金银财宝、荣华富贵；一个是铁盘，盘里盛着一只粉笔，我也会毫不犹豫地选择那只铁盘子。

愿望就那么强烈。

后来天遂人愿，我果然当上一名中学语文老师，每天拿着粉笔在黑板上很辛苦地写了擦、擦了写；深夜不睡批改作业和作文，细致入微地备课，每堂课的教案都写厚厚的十几页——那时候没有电脑，握笔的右手中指第一个指节都被笔磨肿了。别人看来辛苦而单调的生活，我却实实在在地乐在其中：一堂课下来，整个人既疲惫，又像饿了三天的人吃了一顿饱饭那么满足。

没想到连日讲课劳累，用嗓过度，一夜之间，声音没了，再也不能传道授业解惑了。一脚踩空了，坠悬崖了。

在无限沉寂的两年时间里，我发疯一样地读书，又尝试着拿起笔写东西。刚开始写得乱七八糟，不知所云，词不达意，我投稿投得手软，可怜的编辑给我退稿也退得手软。到现在十多年过去，发表的文章超过三千篇；出版的书也有几十本。朋友开玩笑，说你这是天生就该写东西，你不肯，老天爷干脆给你把那条当老师上讲台的道堵死，逼你去写。若讲论起来，我倒宁愿一直站在讲台上讲课讲到死，可是不能讲课了，如今能用写作来表达自己好像也不是坏事。当初的嗓子坏掉看似是倒了大霉，如今看来，也未尝不算是一种幸运。

维持了20年的婚姻于两年多前解体，既源于前夫对于感情的背叛，也源于我对家庭的疏忽，也源于前夫的家庭在争抢利益时的歹恶到无所不用其极，总之，咬牙断腕，恢复单身。以前读“肝肠寸断”、“万箭穿心”只觉得它是形容词，当时却觉得这就是实实在在发生的真事。

这个应该算是彻头彻尾的悲剧，甚至到现在我的身上还披着前夫和他的家人给我泼的一身洗不净的脏水。

可是，这两年多的时间里，我学会了一个人生活得很好，把家里打理得窗明几净，把日子过得井井有条，把事情安排得紧密有序；更重要的，最重要的，我变了。我学会了做更多的菜和喜欢的人一起吃，学会了和喜欢的人一起包饺子，学会了开开心心过日子。我在成长，这是多么好的事。

那么，当初的被欺骗、被背叛、被伤害、倒大霉，如今看来，也未必不是一种幸运。

还有一个人，他原本是个播音员，然后在20世纪60年代被派去任美国南部一个城市广播电台的制作经理。可是他却没想到，那里的加油站连各个加油台都将“白人专用”和“有色人种专用”分得清清楚楚，饭店、酒吧、旅馆、戏院、公车站，无不如此。他不喜欢种族歧视，对这样的现状如坐针毡，在心里大喊：“请把我带离这里吧！”

可是他的领域如此专业，离开这儿能上哪儿呢？

幸运的是，很快他接到一个陌生人的来电，说他们的广播电台在找一位节目部主任，别人把他推荐过来，说他很能干，最后那个人犹豫地补充了一点：“在我们这里，工作的全部都是黑人。”

他不在乎，他大喜过望。就好像从河的一岸游到了另一岸，两个世界形成鲜明的分界线，他在这里学到了别处无法学到的知见。

他很满意，希望一直干下去，可是好景不长，电台负责人不再让他当节目部的主任，而让他去做一个推销广告时间的推销员。真烦！处处吃白眼！工作不再是享受，成了沉重的负担。他再一次想离开，可是再一次被现状绊住了腿。他结婚了，第一个孩子也快出生，他需要钱。

第二天，闹钟响起，他愤怒地翻身要按停，一刹那后背剧痛，好像刀锋插入骨缝。医生上门送诊，说他的椎间盘压伤，要花两三个月的时间卧床。

这下他几乎要大笑了，虽然公司毫不留情地把他解雇，他仍觉得如释重负。

当然，事实上，一个多月后，他有所好转，就得必须找一点事做来养家糊口。

他到一家日报社求见总编，说他需要工作，哪怕是洗地板、做工友都行。总编以前也听过他的大名，如今一言不发，安静聆听，过了一会儿，才问："你会写文章吗？"

"我会的，先生。"他回答。

总编说："好吧，你到新闻编辑室负责撰写讣闻、教堂新闻和俱乐部公告——给你两周时间。"

于是，他又有了一份始料不及的新工作，每天忙于写讣闻和教会新闻，修改由不同的社团、剧团、俱乐部等传来的新闻通讯。再没有什么工作比这更能把他锻炼成一个通才了。一天早晨，他的桌子上出现一张便条纸，上写：请接受每周五十元的加薪——他终于成了正式编辑中的一员。

五个月后，他有了第一个真正的"任务"——采访郡政府，这表示不久他就可以第一次在某篇文章的题目下署上自己的大名了。真令人兴奋！

从那时到现在，他的人生就这样像波浪一样在波峰和波谷间来回晃荡，有的时候看上去很倒霉，有的时候看上去很幸运，有的时候明明很幸运，却又很倒霉；有的时候明明很倒霉，却又很幸运，就像一个了不起的辩证法在他的身上具体显现。现在，这个人已经成了著名作家，他写的书叫《与神对话》，它像风暴一样席卷了世界——他叫尼尔·唐纳·沃许（Neale Donald Walsch）。

你看，每一件事都是有用的。没有一件事不是幸运，它们打造成一个个的链环，然后联结起来，形成每个人的生命之链，凭靠着它们，你可以一步一步，凌峰越谷，走到自己一直想在的地方，那个地方叫作天堂。

不识庐山真面目，只缘身在此山中

> 我们被生活的惯性指使，天天遵循自己的轨道行事，却很少跳出来看看惯性的方向对不对，轨道的走向对不对，结果就冲着南辕北辙的结果一路俯冲而去，本来想追求幸福，幸福却越来越远。

在一档综艺情感电视节目里，见到两三个怪女子。

第一个文文弱弱，白白净净，弯眉细眼，柳条样的身子。抬眼看人的时候楚楚可怜。情感专家们都纳闷：这么可爱的女孩子，为什么男朋友要和她分手呢？男友无奈："她脾气太暴了。"男友要二十四小时陪着她，稍有一会儿消失，拿过男朋友的手机就摔。这还罢了，要去男方家拜见家长，男友事先嘱咐："我妈妈脾气不好，你忍着点儿。"结果男友妈妈提杯向她敬酒，她把脸儿往旁边一扭："我爸说了，有教养的女孩子不能喝酒！"把准婆婆晾在一边。专家问她为什么，她把脸儿一扬，眉毛一抬，眼睛一横斜："哼，他不是说他妈妈厉害么？我现在不给她一个下马威，将来她欺负我怎么办？"那一刻，那个女孩子眼睛分明成了两个逗号，嘴角掀得歪歪着，嚣张得六亲不认，真丑。

第二个个子不矮，穿一件时下流行的前后长两边短的纱裙子，挺飘逸，就是站姿有点不大对，哈着腰，拱着背。这且罢了，又站在那里左摇右摆，像风吹一片大荷叶，没一刻能稳静安止。一上来就急不可耐地念诗，说：“我可爱写诗了，我写了好多首，我现在就给大家念一首。”我听她的诗，四句话，实在听不出好来。刚和男友交往的时候，她蛮正常的，可是近来时常背靠大树，望着天空发呆，跟她说话，她也神游天外，自己说出来的话也前言不搭后语。问她，她说是想念前男友。专家们问她怎么回事，她一竿子指到十年前，说是自己的一个同事，对自己挺好，自己辞职的时候，这个人还请她吃饭，为她送行。此后更无故事。但是她对这个人念念不忘了十年，是一场还没开始就已经结束的暗恋。大家提醒她不要活在梦里，她说：“哎呀我就是这样，我就是这么天真，这么单纯。”一边说一边大幅度地左摇右摆，前仰后合，而此时，她已经三十二岁了。她说：“我就是这么一个爱做梦的女人。”又反问：“为什么这个世界不允许我做梦？不允许我做诗？”

第三个说不上怪，只不过把“搬弄是非”这个词发扬到了极致。很年轻的一个女孩子，戴着眼镜，文文弱弱的样子，一旦说到是非八卦的话题，马上眉毛乱飞，鼻子眼儿乱动，嘴巴一刻不停，那份沉浸其中，陶然而醉的模样，教人瞠目结舌。她是一个大学生啊！看见平时素颜的老师化了淡妆，推测老师可能是约会，宁可放弃下午的考试机会，跟踪人家；看见漂亮的校花坐上一个老男人的车子，推测校花被老男人包养，偷偷跟踪人家；跟男友去KTV，看见男友的朋友的女友，就大声问人家：“听说你给你的前任打过胎？”到男友家做客，在大街上看见男友的姐夫和一个年轻女孩甚是亲密，就在团团围坐的饭桌上，对姐姐说：“姐姐，你知道姐夫有小三吗？”大正月里，姐姐和姐夫就离了婚。男友的大姑跟男友的奶奶借钱，她跟准婆婆说：“奶奶又没有退休金，天天跟着您过，我大姑借钱，她那么痛快就借给了，她肯定是花的您的钱。”搞得婆婆、奶奶、大姑子，势同水火。

怎么会有这样的人呢。

如果第一个女孩跳出来，从别人的角度看自己，就会发现自己是多么粗鲁和缺少教养；如果第二个女孩跳出来，从别人的角度看自己，就会发现自己是多么不切实际地荒唐；如果第三个女孩跳出来，从别人的角度看自己，就会发现自己是多么的无聊和无趣。“横看成岭侧成峰，远近高低各不同。不识庐山真面目，只缘身在此山中。”我们最怕的就是不能回头，不能自省，一味前行，不管前路通不通。所以古人说的是对的，我们需要的确实是“日三省吾身”，反省是一种很重要的能力，通过反省，放下劣习，放下拙识，放下浅见，才能收起嚣张，脚踏实地，安分守己，才能过得赢我们的日子。

只要转换视角，就能翻转命运

> 任何难题都不是难题。挑战是给你机会去战胜挑战，艰难是给你机会走出艰难，困境是给你机会让你成长到足够翻转困境，丑陋是给你机会提炼美好，恶行是给你机会完善自己。只要转换视角，就能翻转命运。

有这么一个人，事业做得很成功，经营两个公司。后来大的公司因为经营不善，被股东们褫夺了经营权，只让他继续当小公司的董事长。

有一天晚上，他突然觉得自己明天就会破产，于是第二天一上班，就来了个莫名其妙的大裁员，还把自己几辆百万名车也卖掉变现，随时准备保命。

家人送他去看心理医生。医生发现他小时候很穷，所以现在这么拼命。可是他的腰上却像是绑了一条隐形的橡皮筋，他越努力向前跑，橡皮筋就越拉越紧，心灵失去弹性，只剩下一味地赚钱、赚钱、赚钱。一旦事业挫败——还不能说失败，因为并没有失败，他马上就自信崩盘。

还有另外一个人，只不过是一家工厂的主管，金融海啸来袭的时候，工厂一个月一个月地接不到订单。就像一艘船往深渊里航行，谁也不知道什么时候才会探到谷底。可是他一点都不急不慌。别人问他：如果你没有了工作，怎么办呢？

他说：那就找工作呀，饿不死人的。

别人又问：你还要养小孩子呢，怎么办？

他说：就不要补习了呀！也不上才艺班了呀！反正这些本来就是多余的。

他这么说的时候，脸色红润，一点都不担心。他的心就像弹性很好的橡皮筋。

这两个人，后者不如前者有钱，前者却不如后者强韧。

《基督山伯爵》里有一个背着丈夫和人私通的女人，丈夫破产之后，她还能够拥有一百万法郎的私有财产，但是她仍旧觉得贫穷；还有一个因为陷害过基督山伯爵，遭到伯爵的疯狂报复，从而身败名裂的男人的无辜的妻子和儿子。这一对母子决定离家出走。他们以前曾经挥霍过无数的钱财，现在却为了一点点可怜的旅费斤斤计较。

在路上，他们偶遇了儿子的一个朋友，这个人问他可以替他们提供什么援助，但是，这个高尚的青年却微笑着回答："我们虽遭不幸，却还过得去。我们要离开巴黎了，在我们付清车费以后，我们还能剩下五千法郎。"

这就是差别：第一个女人，在她的披风底下带着一百五十万还觉得贫穷；第二个女人，虽然身边只有几个钱，却还觉得很富足。就像一个乞讨得了十块钱，从而高兴地跳起舞的乞丐，也比一天挣了一百万，却还觉得远远没有达到自己的目的的富翁更美满。

得与失永远只在你的内心，同样的风暴，有的人看到了劫掠之美，有的人却看到了可怕的毁灭性灾难。角度不同，获得的心灵体验也不同。而好命和歹命，就这么区分出来了。

2012 已经过去，所谓的世界末日是虚惊一场，不过，要是再仔细想一想，又会发现，其实 2012 所传扬的那些大灾难，我们都已经经历了无数遍，飓风、洪水、大火、地震、疫情……凭着这些，把我们的小我从懵懂蛮荒世俗的状态中吓醒，去思考应该怎样活着：是继续担心金钱，继续人与人之间不正当的防备与恶性的竞争，继续瓜分地球资源，还是爱、分享、互助，你中有我，我中有你，我们都是一家人？

如果灾难当前，能够意识到一切都可放下，一切皆是虚幻，唯有爱才是真，而快乐的当下才是唯一可以把握的时光，那么，即使灾难，也是一种成全。而发生在生命里的每一个事件：被车撞了，或是开车撞了人；找到了新工作，或是被炒了鱿鱼；大病初愈，或是大病初生，都是机会，都是成全，都在帮助你心灵重生。

只要转换视角，就能翻转命运。因为你的命运不在外界，在心灵。

大家都这么说，就对么？

> "一言兴邦，一言丧邦"，话语的力量真可以翻手为云，覆手为雨。民间又有句俗语："病从口入、祸从口出。"所以平时对于将要出口的话要多思量，对听在耳内的话也要多思量，思量的标准只有一个："大家都这么说，就对么？"

语言一经说出，对我们的思想意识甚至身体就都有了暗示的力量。我一个同事，十多年前，不足四十岁，却时常自称"老太太"，我亲眼目睹了在她这种自称的暗示下，别的年轻教师先是出于戏谑，在她走路的时候搀扶她，渐渐地习惯成自然，她自己也习惯了这种搀扶，神情、举止、体态，无不像一个六七十岁的老太太。

大概八九岁的时候，跟叔叔闹气，我娘命令我向他道歉。我和小我三岁的堂妹一起去的。叔叔当时正在街上，我走到他跟前，说："叔叔，我错了。我娘让我跟你赔不是。"叔叔说："没事。"我就走了回来。我娘问我道歉了没有，我说道了，她不肯信，问跟我在一起的堂妹："她道歉了没有？"当时堂妹只有五六岁，吸着手指头，傻笑着摇头。我娘骂了我一顿，说："'小孩嘴里掏实话'，她都说你没道歉了，你还撒谎！"我冤死了。后来，看到《甄嬛传》里，甄嬛诬陷皇后推了她，致她流产失子，皇后极力分辩，却被六岁的小公主——甄嬛生的胧月作证说"皇额娘推了熙娘娘"，皇上说："她才六岁，她会撒谎吗？"谁说六岁小孩不会撒谎的？所以，要警惕那些熟话和套话、成语和俗语，它会给人起到很强大的暗示力量，吸引着我们的身心向它去。

两年前，我们本地出了一起绑架案，两名高中生密谋绑架一名家境富有的初中生，好勒索赎金。不过他们不想暴力为之，想要怀柔，最好诱拐对方从家里替他们偷出钱。打着这个如意算盘，两个人为了接近这个学生，煞费心机地制造巧遇，再请吃饭、请看电影、陪打游戏，想尽一切办法赢得对方信任。结果对方虽然年龄小，却警惕性很高，诱拐不成，高中生 A 便想霸王硬上弓，绑了要钱，高中生 B 觉得毕竟相处这么长时间，心中不忍，说要不就算了，被抓住了咱们都完蛋。结果却被 A 一句话打消疑虑，A 说："箭在弦上，不得不发。这时候犹犹豫豫，还算个男子汉？"B 热血冲脑，那就绑！

结果几枝箭嗖嗖连射，第一箭是绑架，第二箭是勒索，第三箭是杀人灭口，第四箭……没了，两个人身陷囹圄，法律自有公正。

所以，"箭在弦上，不得不发"这句话，实在是有大问题。一方面，凡事要看得长远，即使弓圆弦满，若是时机不对，也不可盲目发箭；一方面，若是行不义不智之事，哪怕是最后关头，箭在弦上，又何妨息弓罢箭，总好过后悔终生。

有父子二人行医，儿子是医大高才生，毕业后意气风发，分到重点医院，结果工作不出三年，贸然开刀治死了人，如今分配到洗衣房，濒临下岗；他的老父亲虽是江湖郎中，却医术高明；虽医术高明，却是病人当前，他必是要兢兢业业望闻问切，若是病重，还勤翻医书，多找同道商量咨询。哪怕九成九的把握能治好的病，他也从来不敢掉以轻心。到现在，医馆里还挂着病人赠送的“神医圣手”的牌匾。

就是这样，越是懂得多的，越是胆小，不敢妄言妄行，因为他的知识和阅历告诉他，普天之下，藏龙卧虎，行走其间，稍有不慎便要贻笑大方；倒是无知者无畏，站在巨人脚下手搭凉篷，目及之处，不过三尺，却以为自己只手可以捞月，一叶障目而勇胆横生。所以说，“艺高人胆大”这句话，实在值得商榷。

项羽“艺高人胆大”，结果却落得美人帐下死，乌骓啸西风；关羽“艺高人胆大”，就算被后世尊为武圣人，也免不了生前被枭首的命运。所以，所谓的“艺高人胆大”，很多时候，“胆大”是坑人的陷阱，“艺高”是蒙你的错觉。若说“艺高”是拼杀出来的荣耀，则“胆小”方是取胜的王道。

我们这个世界，一边用语言交流，一边被语言误导。所以无论听到什么话，一定要慎重；无论要说什么话，也一定要警醒。

打破生活的惯性，过一马双跨的人生

有志向是好的，为志向而奋斗当然也是好的，可是还需要冷静下来，脚踏实地，先过好柴米油盐的日子。既不能为了柴米油盐的惯性生活抛弃志向和理想，也不能为了孜孜不倦地奋斗的惯性生活抛弃了柴米油盐。

一个歌手到北京闯荡，下火车钱就被人骗光。愤而自杀，幸被救活，然后开始地铁卖唱。交了女友后，女友跟他一起去地铁卖唱，他唱歌，她收钱，不知道受了人家多少嘲骂和白眼。也不是没有酒吧需要驻唱歌手，可他不肯，说那些人只顾喝酒聊天，不听他的音乐。听上去的理由十分高大上，可是若是仅仅出于热爱，只要能有地方唱歌就可以了，管他别人听不听呢，他又不肯了："不听我的歌，我的歌怎么被赏识，会被挖掘？我怎么能事业辉煌？"说白了，他所说的事业辉煌，大约就是指的通过唱歌，出大名，挣大钱。音乐于他仍旧是工具，是天梯，天庭里的玉液琼浆才是他的本意。

一个写作者，每天不肯外出工作，只是关在屋子里写啊写，靠女友打工供他穿衣吃饭，回到家还要伺候他生活起居。女友向他逼婚，他却说："我热爱写作，我还没有辉煌的事业，所以不能和你结婚。男人一定要先有事业，再有婚姻。"怎么才算是辉煌的事业呢？肯定不是找一份安安稳稳的工作，和女友一起赚钱，而是他写的书大卖，然后挣好多好多稿费，成名成家。写作于他也仍旧是工具，是天梯，天庭里的琼浆玉液才是他的本意。

那么，我不厚道地想，别看现在梵高画的向日葵值亿万的银子，生时那样穷困潦倒，怕不也有他自己的原因？他未必不是想着要在有生之年画作大卖，成名成家，把画当梯子，达成自己所要的目的。结果画啊画的画出惯性，再让他干别的事情他就不肯，结果落得那样一生。

梵高的艺术成就是伟大的，不该对他大放厥词，也许这写作者和音乐家将来未必不能有这样的身后待遇，世上的事，谁也说不准；可是，我们皆凡人，活着还是要讲活着的事。要不要吃饭？要不要穿衣？要不要孝敬父母？要不要板床三尺？要不要恋爱？要不要结婚？要不要养小孩？要不要给小孩好的教育？红尘俗世，总不能你跑半悬空里过日子？单是你一个人也便罢了，苦乐都是你一个人的事，可是你还在连累着别人。

与其如此，倒真不如抛开这个惯性，重新过一种一马双跨的人生：一边做着一份可以养家的工作，一边把音乐或者写作或者诸如此类的追求当作兴

趣爱好；一边夯实经济基础，一边搞着上层建筑；一边顾着红尘俗世，一边空闲时云中高蹈。说不定哪天就真的凭着这一份兴趣爱好成名成家呢？还是那句话，世上的事，谁又说得准。那个画画的老树，本业是一个文艺评论家，却闲来画画，画出名堂。看了他的画，再焦虑的心情都能被安抚：寥寥数笔，长衫先生，袖手看流云。还配歪诗："天地何其广大，人世多么渺小。你看一世繁华，都随大风去了。""白天忙些烂事，夜半看册闲书。虽说身不由己，不能活得像猪。"

就这个意思，忙些烂事不可怕，不是还有夜半时间供你使用？再怎样身不由己，有了这份爱好，总不至于活得像猪。这也就够了，不能不知足。

第11章

卸下一分沉重：竹杖芒鞋轻胜马，一蓑烟雨任平生

不要因为哭泣错过月光

谁都会有生命的极夜，无星无月，无路无爱。一分一秒捱过去，咬牙任凭痛楚凌迟。世间万物都会辜负，唯有流光不相负。迟早它会把你的痛冲刷殆尽，哪天想起来，也只余下淡白的模糊影子，那是你一个人的伟大胜利。

一个女孩子，一直哭，一直哭。

她来北京学习音乐，在咖啡店里邂逅一个男士，又帅气，又温柔。他们迅速坠入爱河，一起看音乐会，一起看球赛，出双入对。男士总是把胳膊护在她的身后，生怕她被别人挤到；吃饭的时候，总是点她最爱吃的菜，还问："够不够宝贝，不够再要些。"她为了陪他，对教授撒谎说自己生病了，不能去上课；对家里撒谎说课程太紧了，需要更多的钱。骗来的钱，就这样陪他看音乐会，陪他看球赛，陪他喝咖啡，陪他吃饭。半年花了十多万。

然后，莫名其妙地，就对她冷淡下来，电话不接，短信不回。她在宿舍里夜夜无法入睡，听着歌掉眼泪。她天天给他的哥们打电话，问他怎么了，为什么不理自己。站在《爱情保卫战》的舞台上，她还在一直哭，一直哭，哭得抬不起头来。

他的哥们上台做证，说他还交着一个女朋友，比他大十来岁。他住人家的房子，吃人家的饭，花人家的钱——就是一个吃软饭的小白脸。

就是这样一个男人，害自己搭进去父母的血汗钱和金子打成的青春。当主持人问："你知道他是什么人了，如果他还肯要你，你还跟吗？"她哭着点头说："跟。"

跟什么跟，人家根本不要她。原本就是一段孽缘，一个男人凭借一种制式化的手段偷了她的芳心，骗了她的身体和金银，然后转身离开，既不留恋，也不自谴。她迎来了生命中最黑暗的时间段。

以前在天涯见到一个帖子，一个女士讲述自己在婚恋网站遇到一个花篮骗子，用温柔偷了心，骗了钱，连面也没有见过，就消失不见。她夜夜哭，痴痴等，甚至听到有谁的声音像这个人，就追上去问："你是不是阿刚？"人家骂她神经病。她也迎来了生命中最黑暗的时间段。

又有一个女孩子，一直哭，一直哭。

她怎么会有那么多的眼泪，还有那么深青的黑眼圈。她的嘴角下撇，合不上，闭不拢，眼泪洒得胸前一片水痕。大学四年，毕业后和男友同居。男友说宝贝，你就在家里照顾我好了，我在外面赚钱养你。男孩实践了他的诺言，真的风里来雨里去，吃辛吃苦地赚钱养她；她也实践了他的期望，真的在家里给他洗衣做饭。他出差十二天，带十二双干净袜子走，回来拿回臭袜子十二团。

她逐渐养成了晚上不睡，白天不醒的毛病，一旦醒着就想知道他在做什么，和谁在一起，然后给他打电话、发短信。他烦了，不肯回，她就越发焦急，不知道他怎么了，是不是自己哪里做得不对，是不是他和别的女人在一起。回来就吵，就怒，搞得男友不愿意回家，回来也是往沙发上一躺，不肯说话。愈是这样就愈是吵，愈是怒，男友就愈是不愿意回家。男友给她报了班，让她出去学习，不要总是把注意力放在自己身上，她去了两天就不肯再去；男友给她找了工作，让她出去，她也只去了两天就不肯再去。她说自己再也适应不了外界的生活节奏，她就想和他在一起，就想待在家里。

然后他提出分手。她的天塌了。她生命中最黑暗的时刻来了。

来了就来了呗，有什么了不起。谁还没有过生命中最黑暗的时刻？其实也没有什么克服痛苦的良方，只要把一切都交给时间，然后咬着牙忍耐。渐渐的，哭着哭着就不哭了，痛着痛着就不痛了。该学琴的继续学琴，该找工作的去找工作，受一回花篮骗子的骗，还能受两回？一切都过得去，唯有一句话且记：既然已经因为哭泣错过太阳，就不要因为哭泣再错过月光。

无能为力的时候，也能享受美好

每天的生活劳碌繁琐，令人不耐，像是蓬生的丛草，支撑自己一天天过下来的，就是这丛草里星星点点美丽的小花。

这个世界上，总是有很多事情让人觉得无能为力的。

一片飞虻，如同飞机轰炸，嗡嗡嗡嗡。人们好奇地看着眼前一切，漫不经心地说，要下大雨了。可是不知道怎么的，就房倒屋塌，家破人亡。丈夫没了，女儿没了，只留下独臂的儿子和自己。

重看一遍《唐山大地震》，我倒觉得，地震不是真正的灾难，真正的灾难发生在人的心里。丈夫为救她死去，有人试探着追求，她却冷冷淡淡地赶人走，因为没了，才知道什么是没了。儿子和女儿一同被压在地底，只能救一个，她狠狠心，救了儿子，扔下女儿。从此一个孩子上学，买两份书本。地震前，家里只有一个西红柿，她让女儿让给弟弟吃，说明天妈再给你买；大难不死的女儿三十年后回来了，她洗了一盆西红柿——那年的那个西红柿，是怎么堵在心里的："西红柿都给你洗干净了，妈没骗你。"一边说一边跪下，说："我给你道个歉吧。"她这个头，谁知道在心里磕了多少回，多少回。

还有《集结号》里，那声永远也没有吹响的集结号和死扛到底、全部牺牲的弟兄。他们横倒竖卧，让唯一幸存的他睡不能安枕，和平年代拼命挖着小山一样的煤，要把他的弟兄们的遗骸挖出来。他的心里也是碎的，碎得抟不起来。一片浩劫过后的灾难。

地震啊，战争啊，死人啊，这些都是事件，不是灾难。灾难是对人心的日复一日的咬啮，让人疼得发狂。走在大街上，你不知道谁的心里疏影横斜梅花黄，也不知道谁的心里正经历着一场灾难，谁又在一砖一瓦地缓慢重建。

——事情的发生永远不是灾难，房屋可以重建，老婆没了可以再娶，儿女没了可以再生，朋友背叛可以离开，可是，你让爱情怎么再生，让家怎么再生，信任怎么再生，希望怎么再生。梦醒了，再入睡，可是再做的，已经不是这个梦，它已经醒了。

为什么想这些呢？因为想吃饺子，却既没人和我一起包，也没人和我一起吃。然后晚上就做梦，梦见在一间屋子里睡着了，我铺的盖的都是白的褥和被，头顶上雪白的月亮照下来，外边有人一边叫着我的小名一“白妮”、“白妮”一边找我。然后我就去了一个操场，又在一个高台上睡着了，也是头顶上雪白的月亮照着。

梦里那种荒凉和绝望，要疯了。世界安好，可是我的灾难发生了。醒过来，泪就下来了，哭得越来越厉害。四个小时，不停地哭，不停地流泪。想停下，可是就是停不下来。心里的什么东西，也许是希望，也许是什么，感觉正被泪水泡软、泡塌。

第二天醒来，眼睛是肿的，梳洗上班，一切照常。没有人看出来我昨晚什么样，更没有人看出来我心里什么样。我也看不出别人昨晚什么样，心里什么样。每个人的灾难都发生在心里。就像一个邻人去世，并无什么人悲痛，因为他既病且老，缠绵床榻，老妻本来自己也有病，还要挣扎着做饭端水伺候他。大家都想她如释重负，可是她哭着说：“怎么不让我也死了，叫我这么牵挂他？”一个寻常的人的寻常离去，对于她来说，是灾难发生了。明白吗？无可弥补的灾难发生了，房倒屋塌。

在这种让人手凉脚凉，直凉透心底的灾难中，人总是还得活下去，是不是？

上班路上，阳光暖暖地打在身上，像给经冬久寒的身体贴上一层金箔。快到单位的时候，扭头看见阳光又打在一株核桃树的叶片上，叶片打得成了半透明，像翠玉映住日光。进了单位的门，旁边是草坪，一叶叶针尖样的细草，每叶上面都顶着一滴小小的露，闪闪烁烁，安安静静，晶晶亮。

昨日去田里种菜，旁边菜农的地里好些的葱都结了葱苞，主人不要了，我摘了许多回来，一半拌了一点点白面，用来炸丸子；一半直接油盐炒了鸡蛋。颜色青嫩，味儿也还好。

这些都是好的。

因为这点点滴滴细细碎碎的好，觉得上班也有了意思，活着也有了意思。

昨夜做了一个梦，一路上走着，前方路当中就开着桃花。刚刚展开花瓣，深深的花筒里面好像盛了蜜一样，闻一闻，沁人心脾，醉得我走路都踉踉跄跄。路旁是田，田里也开了很多的花，我下去看，又像是花，又像是芦苇，颜色青嫩漂亮。后边有一朵真真切切的桃花，大得像碗一样，花瓣薄得像嫩红的绸子，将要开败了。我看着它，摸着它，想起《红楼梦》里，宝玉揣想邢岫烟多年以后，也将乌发如银，形容枯槁，一时悲痛万分，想着自己容颜已逝，哭了起来，越哭越痛。

那样的一个梦，优美，又开心，又忧伤。醒过来，我就揣着它洗漱、吃饭、上班、奔忙，自己悄悄地快乐和忧伤。

生活中的小美好无时无处不在，它能够支撑我们行走世间，虽然疲累，却不轻言放弃；虽然失败，却能积攒勇气，东山再起。

风霜雨雪是美的，行走世间的人也是美的，手边的书和杯中的茶是美的，过往的和现在的以及未至的光阴是美的，人的思想是美的，诗词歌赋是美的，这么多的美，纵然灾难和孤独无往不至，不美好地去活，又怎么好意思？

一场减法可以剩下真实的人生

减去的是累赘，留下的是简约；减去的是烦扰，留下的是清净。什么都有的时候，生活是乱的，当一场又一场减法做下来，这颗心就会渐渐变得空旷，装满清新的空气和阳光，我们的生活会变得智慧、干净而从容。

曾经有人做过这样一个测试：一张白纸上列出你最希望得到的东西和你最亲爱的人，例如金钱、名车、豪宅、朋友、父母、子女、爱人。假定这些你都得到了，下面就是让你把这些再一步步划去，于是人们开始在纸上演练残酷的人生，一步步不情愿地退步抽身，从抛弃物质繁华，再到把最好的朋友也一笔勾销，然后再痛苦万分地划掉和自己有血脉之亲的亲人。当纸上只剩下孩子和爱人的时候，有的人忍受不了舍弃之痛，扔掉笔，说什么也不肯再配合。可是这道测试却要让你一直减到只剩下最后一个人，这个人，才能真正和你相伴一生。

这道题的确太过残忍，值得庆幸的是，我们大部分人不必面临这样的抉择之痛，但是，我们的生活仍旧在不断地做着减法，一步不停——你想不做都不行。

人的一生，就是一个不断做着减法的过程。就像背背篓上山，最初捡到什么五光十色的小石子都要往里扔，直到行李越来越沉，不堪负重，然后再忍痛一块块往外扔。就算有些东西不舍得扔，生活也会逼你扔。

这几天，小青的脑子里老在拼命想一个问题，确切地说，是一个地名。这个地名对她非常重要，重要到她以为自己已经把它刻在了脑子里。没想到有一天，她想把过去拿来重温，却发现丢掉了最重要的标志——一个有着特殊意义的、十分重要的人的地址。

她和这个人的初识，像一道闪电把她的人生劈开，从此知道了真正的爱是怎么回事，知道了思念原来真的可以让人憔悴。她爱他，很爱很爱。爱的标志，就是把他的电话记在脑子里，把他的地址记在脑子里，把他的一切细节记在脑子里，让他在自己的生命中做最重要的主角。只是没想到大幕拉开，并不意味着一出戏可以从过去一直唱到未来。主角也是会谢幕的，也会卸妆退场，留下她一个人独自在黑洞洞的舞台上咿咿哑哑地唱。

守着的，是一个人的地老天荒。

以后的日子孤独凄凉，小青匆匆忙忙找个人嫁了，先生只是一个普普通通的人。他虽然不知道她的世界里都有些什么事和什么人，但他知道她的腿会冷，冬天对她来说很漫长，一年四季的变化让她神伤。面对一个人精神上的深渊和黑洞，他有一种无能为力的清醒，所能做的就是煲一锅好汤，做一顿好饭，倾其所有，为她买一件漂亮的衣裳。一日日的柴米油盐，像一根细细的丝线，艰难地往回拽一个大风筝一样的心。不知道从什么时候起，她渐渐注意到身边咯咯笑的孩子，也看见先生倾注在自己身上的目光。这些不起眼的点点滴滴，像一道热水断断续续注入冰面，把她冰封的世界滴出一个圆圆的洞，像一个冒着热气的月亮。

月亮越来越圆，越来越大，越来越亮，连小青自己都不知道从什么时候起，往事打着滚跑远，而这个地址，曾经那样深地刻在心上，原来也会被渐渐填平和遗忘。

你看，生活就是一个由多到少、去芜存菁的过程。会过日子的人，就是把那么多驳杂的人和事，都干净利索地扔远，明白原来那样辛苦去追求的所谓爱恨，只不过一场空花幻影。

心无所待，随遇而安

这个光鲜亮丽的世界上，不知道多少光鲜亮丽的人都包裹着一颗拼命挣扎的心。没有谁真正潇洒，大家都不轻松。不如一边整小窗，一边倚小窗，一边买周易，一边读周易，一边挖池塘，一边坐池塘，一边养青蛙，一边听蛙叫，心头种花，乐在当下。

一个人，得了癌症，每天早晨，她就背上绑着氧气筒，至少走三英里路健身。并不是想千方百计延长生命，只不过想要体验活着的感觉与喜悦。

得癌症五年，曾经有人向她保证此病必好，她就喜出望外；有人跟她说是不治之症，她的心又坠下深渊。采用A疗法，又担心不如B疗法或者C疗法的效果好；看了甲医生，又担心不如乙医生或者丙医生高明。

在和种种好消息、坏消息、猜疑以及不确定的未来搏斗的过程中，她逐渐学会了随波逐流。事情来了，那就让它来，事态有变，那就任它变。

她把摄影器材全部送人，也将那些过去曾带给自己快乐的衣服、小饰物和有流苏的长围巾，通通分送给好朋友的孩子们。生命不再那么浓稠，也不再那么晦暗，反而变得轻快、透明，充满着喜悦、于是，她才能背着象征不能自由呼吸、生命快要走到尽头的氧气筒，还能那么热情、静定，脸上散发喜悦的、令人羡慕的光辉。就像一只趴浮在透明气流上的蝴蝶，随风飘荡。

以前我是那么喜欢做“有意义”的事，如果今天写了一篇文章，完成了一个任务，就觉得活得有价值；如果什么也没有做，只是赖了赖床，看了看天，逗了逗猫，发了发呆，就觉得生命被浪费。那个时候，一心奔着过，只觉得什么都不够——时间不够，钱不够，房子不够，车不够，想要更多、更多、更多，搞得自己好像一个高压锅，头发也白了，一把一把地落，甚至期盼自己活不过五十岁，并且把在五十岁之前死去视为幸福和幸运，因为终于可以不用那么劳累，我才惊觉人生的路走得太快，步子迈得太大，人生本来是平地，我却当作来爬山。

现在，我开始学习着做饭洗衣，择葱、剥蒜、切菜、炒菜，吃过饭收了碗筷盘碟去洗，再把餐桌和灶台擦抹干净，把地扫净，把垃圾放进桶里，如果太满了，就提到门边，准备第二天上班顺路丢出去。然后拆一个新的袋子铺进垃圾桶。不知道什么时候，做这些竟然开心地哼起荒腔走板的调调。写东西少了，形而上的东西少了，我倒觉得如今才是真正在过日子了。

下了凡了。

下了凡才知道什么是修行。原来修行不是碧海青天，不是古佛青灯。吃饭也是修行，洗碗也是修行，吃茶是修行，吃过茶后把茶杯洗干净也是修行。生是修行，死也是修行。所谓的心得与智慧看似求之不得的高大上，其实也不过就是喜而不狂，忧而不惧，每一分每一秒都过得有意思，心无所待，随遇而安。

受过伤，一样可以快乐

障碍越多，被跨越的障碍越多。不必被愤怒和悲伤蒙住了眼，假如退开来看，说不定能够看出命运的线正从彼处发端，要给你织成一幅美丽的锦缎，只要你给它时间。

短发，中等个，面白皙，稍微有点暴暴牙，又爱左右晃着头笑，像一朵嫣然摇笑的洋姜花，开在篱笆下。见她第一眼，我就能看见她背后长长的岁月，尽头站一个老人，系蓝染腊布的围裙，裙带上坠一双小胖手，屁股后面顶一个小脑袋，自己做火车头，小孙子做火车尾，手里端着饭菜往桌上放，大海碗土豆丝，青辣椒、紫茄子。

当然现在她还不老，甚至还没结婚，嫩得很。又嫩又多话，又像爬满架的喇叭花，趁着春风呜哩哇呜哩哇："我还没出过远门嘞，我们老师说，就当来玩一趟。"

"我爱写字，也爱写东西，可是写字也写不好，写文章也写不好。"

"这儿真好。嗯，还有台灯，厕所也好，真干净啊。"

"啊，这儿的牙膏也要每天换呀。"

一会儿又拿一只挺漂亮的玻璃杯泡茶——她是开茶店的，一边问："姐，喝茶不？"

"啊，"我喝茶的境界等同于牛嚼牡丹，"我不会喝。""没关系，我来教你"，呜哩哇呜哩哇……把我困的呀，两只眼睛都成了绿蚊香。

她的茶店开在一个挺小的县城一个挺偏远的角落，去买个茶叶都得翻天越岭的——因为房租便宜。且开店也能开得拮据而潇洒，看得顺眼的，白送你茶喝；看不顺眼的，比如吃醉酒了，或者叼着香烟，牙齿叫烟熏得黄漆漆的，怕唐突了好茶，就不肯卖，拿白眼剜人家。

我问她，一个月能挣多少钱？

她很爽快："一千块吧。"

"那你们那儿的物价怎样？"

"贵着呢。"小姑娘努力说着大舌头的普通话："一个煎饼果子要三块钱，还有房子，一平米要两千五，像我们穷人是买不起的，只好住石头房……"

石头房我见过，就是大大小小的石块叠罗汉，做加法，年头久了，发了黑，石头缝里长出根根细草，有草虫蝈蝈叫。买房？那是不可能的。开茶店的本金三万块钱还是借别人的，还没还上呢。

按说很值得犯愁的人生，她却过得很高兴。此次是我们本地文联召开的青年作家创作会，课余会罢，小姑娘就会每天出门，拿回来的东西也林林总总：一张塑封过的照片、一面小圆镜、一只底座是圆球的打火机，一打着火，肚皮就会一闪一闪地发光，像萤火虫一样；一只指头肚大的牛角鞋，鞋底有人字纹，我问她干什么用的，原来她给宾馆的钥匙配了一个钥匙链！第二天中午又拎回来一兜干果；第三天是一方泥裹土封的砚，一只扁平刻花的碗……这些东西被她摊在床上，一样一样细细地看，然后又把砚啊碗啊泡在水里，拿小牙刷细细地刷，一边刷一边无比快乐地发表宣言："钱不花完，我不回家！"

天气太热，她又爱脱掉外衫，然后很不雅地趴在床上打电话，用她的话讲："我才不怕他们看嘞！"一副随情随性的小样，好比一把小羊角葱长在后园，天生成的青辣新鲜。

一转身的工夫，我看见她光溜溜的背上有一处可疑的隆起，位置正在脊柱，像光滑的水面长了瘤，平整的树身长了球。

"这……是怎么回事？"

"啊，"她满不在乎地扭头看一下，"我出车祸啦，脊柱撞断了，还有大腿骨。在炕上躺了三年呐。”

“啊！找着肇事司机没有？”

“没有——”，她拉着长声，舌头曲里拐弯，唱歌似的跟我讲，“看病的钱都是借的。不过命保住了，真好——”。

是啊，真好。借钱开茶叶店，真好；努力赚钱，真好；出差，真好；乱花钱，真好；命保住了，真好。

席间吃饭，爱上一种当地特产的土豆，指头肚一般大，洗净，上屉蒸熟，小心剥掉外皮，在绵白糖里滚一圈，原来有一点土涩的口感就变得甘润绵甜。这个姑娘就是一粒小土豆，把自己种在千万丈的烟火红尘，虽然受过伤，却是笑容好似亮晶晶的绵白糖，那是这个世界永远不落的阳光。

第12章

勘破一分成见：
所闻岂必如所见，千问只恐知不真

有比正确更愉快的事

人这数十年光阴，若行行步步总是在正确地读书，正确地工作，正确地结婚，正确地生儿育女，那就好比是席慕容笔下的花，郑重得没有一朵是开错了的——可是，那花儿绽放，原本便是怎样开都没有不对，若是当真要郑重地数着朵、打着旗号做着计划地去开，那盛放旖旎却像是原本好锦缎却变成了纸。

刚结识一美女，人是极好，又是极美，又极有才，处处皆好，可惜有点太“正”了，言行无一不合规矩——我说爱读盗墓小说，刺激，她说那不好，你的思想不健康，你应该读名著——她说话的神情，就好比说别的美人走在路上或是坐在哪里，好比临水一枝桃花开，她则无论是走在路上，或是坐在哪里，皆是端端正正，好比是凤冠垂旒的女神下界，叫人想起《儒林外史》里的鲁小姐，美貌兼有才，却是在闺房里面，不读“美人卷珠帘，深坐颦蛾眉，但见泪痕湿，不知心恨谁”，不吟“云想衣裳花想容，春风拂槛露华浓”，倒是晓妆台畔，刺绣床前，摆满了一部一部的文章，每日丹黄烂然，蝇头细批，嫁了人也不和才子相公谈诗论词，倒是写一条纸交过去，让他也做一篇八股文章来看看——这样一个好姑娘，天地苍黄，可惜那身影迟早会褪色成一张悬在墙上的画像，有面目，没模样。

所以我爱读《枕草子》，这样一本小女人写的书哦，处处都是一个正当着差却大脑溜号的小姑娘的小情小调，什么春天是破晓的时候最好，夏天是夜里最好，秋天是傍晚最好，冬天是早晨最好；什么子规躲在树荫里很有意思，杂木茂生的墙边，一片雪白花的开着，好像青色里衣的上面穿着白的单袭的样子，正像青朽叶的衣裳，很有意思，什么梧桐的花开着紫色的花，很有意思，楝树的花像是枯槁了的花似的，开着很别致的花，而且一定开在端午节前后，很有意思。

所以小姑娘清少纳言，对于很多人和事，就很敏感了："在外出的路上……又有穿戴很整齐的童女，尽管穿的汗衫并不很新，但是穿惯了也很舒服。履子虽然色泽很好，但履齿上沾着许多泥，她拿着白纸包着的东西，向那里走去，我真想叫了来，问她一番呢。在她从门前走过的时候，我想要叫她进来，可是她不客气地走去了，也不答应，那物件的主人毫不知情趣，也就可想而知了。"你看，这毫不留连一路美景的童女，必是跟着一个毫不知情知趣的主人，以致于自己也变得毫不知情知趣了。真的，若是这小使女肯停下来，一大一小两个姑娘，眉目如画，一应一答，虽是于正事无干，可是天地间却充溢着这霎那的芳华——我们很多时候，就像那个小小的、却郑重其事赶路，只做正确之事的使女啊。

读到一本书，叫作《银河系漫游指南》，作者写我们栖身其中的这个叫作地球的星球，请人（准确地说，是外星人）在上面制造出种种的地形。就好比说一个叫作斯拉提巴特法斯特的家伙，就受雇制作了"挪威海岸"。而他设计的海岸线还获了奖。当然，这个旧的地球被外星人为了开拓超空间通道给"咻"的一下清理掉了——不存在了，然后，这个家伙又受雇继续制造出一个新的地球上的新的地形，比方说非洲。结果他做惯了海湾，于是又把非洲大陆也给做成了海湾——看上去虽然怪诞，但挺可爱。也就是说，他做错了。于是，他发出空洞的笑声，说："这有什么关系？当然，科学能够做成一些美妙的事，但我始终认为，有比做正确的事更令人愉快的事。"

你看，就是这样。

再者说了，"正确"，又是一个多么有局限性的词。孙悟空大闹天宫之前，天宫的一切看起来都是正确的；孙悟空大闹天宫之后，孙悟空的反叛看起来才正确；古代女子"三从四德"是正确的，如今女子独立自主才是正确；西方社会吃饭用餐刀餐叉是正确的，我们吃饭却要用筷子才算正确……所以，此时正确的，彼时未必正确；此地正确的，他乡未必正确；对此人正确的，对别人未必正确。西方有一个傻神仙，喜欢扛一张床堵在路口，有人从此路经过，他就让人家躺上去量一量，太高了，他给截一截；太矮的，他给活活拉长，一定要符合他的标准才可通行——于是有绝大部分的人，都被他给整死整残了。若是整个世界都是以一个一个硬性标准来判断生活形态是否“正确”，恐怕就会有绝大部分的人，精神被整死整残，多么可怕。

所以，我们在做事的时候，真的不必时时刻刻都全神贯注、谨小慎微。总有人告诉我们时间有限，生命有限，所以要努力，要竞争，要拼命，要用前半生的辛劳置换后半生的余裕。可是，为什么我们不能告诉自己，时间还充足得很，生命永远不会用完，天上的鸟不种不收，也能吃得上草籽和清水，哪怕偶然有那么一会儿，为什么不放松了竞争的弦歌，懈怠了端正的面容与身姿，抬头看看天，低头看看地，明眸善睐如春水秋水，做一些比正确更愉快的事，让生命开成一朵有许多花瓣的花呢？

凡事不必“三思而行”

如果你希望自己是大师，从现在开始，大师怎么做，你也怎么做。如果你希望自己是勇者，从现在开始，勇者怎么做，你也怎么做。如果你希望自己是智者，从现在开始，智者怎么做，你也怎么做。然后，不知不觉的，你就变成那样的人了。

一日，我走在大街上，碰见一对盲人老夫妇，一个弹弦一个唱曲。这样的流浪者三餐不继，我心生怜悯，把手伸进兜里，想给他们两枚一元的硬币。可是硬币没找出来，却拽出一张五十元的纸币，五十元就五十元吧——对他们来说也算一笔巨款，也让我体验一把当富翁的欣喜，这有什么不可以？

然而我的理智一下子惊醒，对我高喝：疯了你！五十元钱你想一下子都给他们？于是，我又开始四处翻找，结果翻出一张十元的。这回总可以了吧？可是当我要把钱放进铁盒子里，理智再次对我喝止：慢着！你有一大家子人要养，捐十块，真当自己是散财童子啊你！

于是，我又开始乱翻一气，指望从哪个旮旯缝里揪出这两枚隐身的"小贼"。可是，翻出来的却是一枚一角的硬币。这可把我窘死：好歹也是吃饱穿暖的有业人士，一角钱？人家好意思接你都不好意思给！

最后，当我真的翻出一枚一元钱的硬币，我已经走过他们的身边，咿咿呀呀的声音听上去如此模糊无力，再回头已经太迟。他们没有得到惊喜，我也没有收获欢欣。那一刻，我觉得自己和他们一样穷。

为什么不把那五十元钱给他们呢？可是，这种"冲动"却被我一贯省俭吝啬的思维方式阻止。这种思维方式有一个理直气壮的名字，叫"三思"。它是直觉和"冲动"的死敌，向来以杀死它们为己任，全然不顾它们其实是头脑里诞生出来的，崭新的、真实的、宝贵的新思维，更不会管我在这个新思维的支配下，会逐渐变得更加善良，更加慷慨，更加通情达理。

所以，由不足变有余，有时不用改变世界，只需改变思维，让那种"三思而后行"的思维方式见鬼去——事实上，孔老夫子早就让它"见鬼去"了，我们却一直抱着谬误当真理。《论语》说："季文子三思而后行。子闻之，曰：再，斯可矣。"季文子是鲁国大夫，办事谨慎，喜欢想来想去，在惨烈的政治斗争中束手束脚，犹犹豫豫，跟个娘儿们也似，所以孔子说他"再，斯可矣"，意即：思考两个转儿就可以了，别想那么多啦。

我们的脑子充塞了别人硬塞给我们的旧思想，我们被它禁锢得跟个蚕蛹，行不敢行，动不敢动。你看李叔同，他追寻自己所追求的境界而去，未必真是三思而行，倒恐怕是迈开第一步再说，然后，第二步、第三步，也就自然而然跟上去了……

所以，原本认为自己是坏人的，马上做一件好事给人看；是失败者的，马上追求一次哪怕是微乎其微的成功；是穷人的，马上请别人一起分享你的面包；是卑微的，马上拒绝一次大人物的“赏脸”，一次，两次，十次，百次，这种新的、积极的、乐观的、美好的、有尊严的思维，就成为你固定的人生范式：我是好人，我是成功者，我是富翁，我有尊严……

你看，就是这样奇妙，当我们的思维发生惊天逆转，世界也随之改变，每个人都可以在今生今世、现世现时，置身天堂。

——这，就是思维的智慧。

小心难驶万年船

冒险的结果最坏也不过失败，而失败不过是通向成功的又一次尝试；过去已经过去，未来尚未到来，现实即使面对又有什么可以失去？所以不必恐惧。

“小心驶得万年船。”可是小心小心再小心，活得不累吗？头发不白吗？皱纹不深吗？陈胜起义，朱元璋兴明，是小心思虑的结果吗？若再三思虑，小心再小心，恐怕到死一个为奴隶，一个要饭吃。

比尔·盖茨的帝国是小心思虑才构建出来的吗？若是他当年思虑再思虑，小心再小心，结果很可能是乖乖地大学毕业，弄得好了搞个大学教授当当——可是现在大学教授满地跑，全球首富可只有他一个。

还有那个张季鹰，做事实在够冲动，像个无牵无挂的老光棍。有人劝他："卿乃可纵适一时，独不为身后名邪？"他回答："使我身后有名，不如即时一杯酒！"结果想起家乡的莼菜跟鲈鱼，官位也不要了，挂冠归里去也。他原是齐王的官，不久以后齐王被杀，他却幸免，人说他有先见之明。哪里是有什么先见之明，反而是他沾了凡事不那么"小心"的光，想到哪里便做到哪里，即时一杯酒有了，身后名也齐活，两赚。

司马懿被诸葛亮耍，诸葛亮就吃准了他那"小心驶得万年船"的个性，所以才会在危急关头大摆龙门阵，一座空城哄得老家伙进不敢进，只好摆手退兵。

深入地想一想，所谓的行驶万年船的"小心"，不过是打着智慧旗号的恐惧，恐惧的背后却是一颗脆弱的玻璃心。害怕冒险，害怕前进，害怕失败，害怕失了声名，害怕不幸降临。因为害怕而退缩，如行冰面，步步担惊。

狼在草原上驰逐，既不在乎别人怎么看，也不害怕别人入侵——只要你敢；只有羊才会固守羊圈，屁股死抵着围栏，向往着外面的绿水青山，打死也不敢向前，还美其名曰"小心驶得万年船"，却忘了小心的结果未必是行船万年，很可能大铁船搁浅在小水湾；冒险的结果最坏也不过是失败，失败不过是证明此路不通，敬请绕行，总有一条路抵达成功，总好过一步也不敢迈，人生褪色成一张挂在墙上的老相片，江山寂静，岁月无声。

恐惧的负担看穿了也不过是土做的薄墙，胆放大，推倒它，小心难驶万年船啊。

苦难有什么了不起

“过去种种，譬如昨日死，今后种种，譬如今日生”还不够确切，当是“过去种种，譬如上刻死，今后种种，譬如此刻生”。此一瞬间以前的挫折、失意绊不住你的脚步；失足沉陷也只是历史的陈迹，昔日的荣耀只为照你走好当下的路。

上学时，听老师讲说这个人经受了很多苦难，那个人经受了很多苦难，觉得这些人好可怜。如今却觉得，这种“经受了很多苦难”的说法，好粗暴。

我爷爷去世早，奶奶带着我八岁的父亲和六岁的叔叔过日子，踮着三寸金莲操持家务，下地务农，给这个家里挣盐挣米。我买小人书的钱是奶奶用织的布换回来的，晚上奶奶和别的老婆婆们会下地窨子，就着昏暗的油灯嗡嗡地纺线，胳膊扬起来，扬起来，线也就从棉花条里吐出来，吐出来，渐渐缠满锭子，像个饱鼓鼓的桃子。满墙都是晃动的巨大的人影，说话的声音暗而柔和。不知什么时候我就靠在奶奶身上睡着了，再醒来的时候正一摇一晃地趴在小脚奶奶的背上往家走呢，天上星星一眨一眨的。于是我会说普天下所有小孩都会说的傻话，我说：“奶奶，等我大了我好好孝顺你，给你买槽子糕吃。”奶奶就笑，幸福地说：“好，好啊。”

后来，我读高中，奶奶的头发成灰白的了，穿着粗蓝布的大襟袢子，有了破洞的肩上衬着托肩。我看见别的老婆婆一头银丝就会想，我奶奶要是也老到头发白完了，我大概也就能挣上钱了，就能给我奶奶买槽子糕了。高二的一天，我正在教室学习，村里来人接我回去，说奶奶病了。进村，看见门上的白对联，进门，看见爹和叔叔穿着大孝，听见里面一阵阵的嚎哭。然后我进屋，看见我深爱的奶奶躺在那里，蒙着白布蒙单——我奶奶的头发还没来得及白完呢。

——她也没有吃到我挣钱买的槽子糕。

我若写传，满有资格替她写下“她的人生历经苦难”，你看她孤身一人，拼尽全力才撑起一个贫穷的家庭，且又没有享到儿孙的福分。可是她和老婆婆们一起纺线的时候，说话聊天，开开心心地讲鬼故事，一起发出“喔？呜，啊！”的怪声音；大家一起凑钱“打平伙儿”买东西吃，她又把炒过的花生擀成细面儿，一点一点用小勺挖进没牙的嘴里，脸上挂着满足的笑。她喜欢采木耳，下细雨的时候，端个小碗，翻木头，把漾生出来的小黑木耳一朵一朵摘下来炒菜吃，她的脸上也是笑着的——东一朵西一朵，她的生活里到处开着她喜欢的花。她的日子过得无非苦一点，难一点，可是“苦难”这个词，有资格在她的人生里停伫吗？

这个世界上，外人看来正在经历悲惨人生的人很多很多，但是很少有谁肯承认说“我正在经历苦难”，他们只会说：“好难啊。日子好难过。”或者说：“日子太苦了。”“苦难”这么严重的词落实在日常生活里，也不过就是柴米油盐、得不到与已失去，而这些又有什么稀罕的？

时光把庸常生涯消解，然后在它的土壤上种植出莫名的诗意。甚至是过往的柴米油盐，好像也散发着一种神性的光，过去的柴比如今的亮，过去的米比如今的香。

——我们总是在有意无意地神化或者妖化或者苦难化历史和历史中一个一个曾经活生生的人。

而事实上，苦，哭一场就好了，难，熬过去就好了，有什么大不了的？股神巴菲特不苦吗？比尔·盖茨不难吗？这一刻是富翁，下一刻也许就破产。周星驰不苦不难吗？一个削尖脑袋奋斗大半生的，已经五十岁的，差不多已经笑不动的，没有妻、没有子、没有家的老光棍，一个叫柴静的记者采访他的时候，他反反复复地说："我运气不好。"曹雪芹不苦吗？老舍不难吗？杜甫不苦吗？路遥不难吗？李清照不苦吗？白居易不难吗？苏东坡不苦吗？王安石不难吗？可是，他们的笔下，谁又没有写过那些轻倩摇动的好时光？他们不是咬着牙齿忍受生活，而是真的在享受着沉重的生活缝隙中漏出来的一点点欢乐。杜甫不只是会写"布衾多年冷似铁，娇儿恶卧踏里裂"，也会写"黄四娘家花满蹊，千朵万朵压枝低"；苏东坡在贬官去职后，还有闲心半夜起身，叫上朋友一起欣赏藻月中庭的一点竹影子："何夜无月？何处无竹柏？但少闲人如吾两人者耳。"

每个人都在活，每个人都曾有过漫长黑夜里的悲哀、无助，然而依旧咬牙坚持，灵魂脆弱而又坚韧。也许我们的日子过得有点苦，有点难，可是苦难是什么？又有什么了不起的？

放下悲伤，用幸福怀念幸福

人们总是钟爱悲剧胜过喜剧，当他人的情史成为我们口耳相传的故事，大家就不约而同地希望一方既已长眠于地下，一方便当独守于空房；却忽略了每个人都有追求幸福的权利。

一大早被噼里啪啦的鞭炮声惊醒，人声喧嚷，邻居在娶亲。这个男人的上一任妻子得的是白血病，我至今仍忘不了他陪伴着重病妻子在楼下散步的情景，他小心翼翼地搭着她的胳膊，如同呵护娇贵的青花瓷瓶；女人也拿手里的小手绢替他擦额角的汗。其时花坛里石榴花红，他居然也有心情跑过去摘一朵，笑嘻嘻地替妻子簪在鬓边，妻子原本苍白失血的脸竟然也多了一丝爱娇的红晕，二人恩爱，羡煞旁人。没想到妻子去世半年不到，已是新人换旧人，令旁观的我五味杂陈。

那日风和日暖，我下班回家，正好看见这个再婚了的男人蹲在楼下的小花坛，抚摸一株石榴树上火红的花瓣。一朵一朵、一瓣一瓣，神情温柔又专注，好像陷入一个微不可见的世界里面。我心里一动，走过去站在他的身边，没话找话地搭讪："你在看花啊。"

"是的。当年她在的时候，最喜欢石榴花了。"男人语气里有一丝伤感。

我试探地问："你很想她？那为什么……又这么快结婚了？"

这个男人笑了，说："我这么快结婚，就是因为她啊——她曾经说过：怀念幸福的最好方式，就是继续幸福。因为她给了我一段美好的婚姻，所以我们有个约定，她去世后，我要尽快结婚，让这种美好在以后的日子中延续下去，使我们曾经的甜蜜和温馨随时能够'情景重现'。当然，作为交换条件，就是我要永远怀念她，直到我生命结束的那一天。这件事并不难办到，你看，"他指指火红的石榴花瓣，"我一直在怀念她，情不自禁，自觉自愿。所以，喜新和念旧并不冲突，我在婚姻中寻回了失去的幸福，又在幸福的时候不忘怀念旧人，她泉下有知，也会开心。"

他的话让我哑然。越是婚姻美满，恩爱无边，一方过世后，另一方会因为已经感受过婚姻的美好，生活态度也会积极往前，对重新开始另一段感情既充满信心，又满怀期待——就好比被命运的大手薅着脖领子从一个柳绿花明的温柔乡掷进冰寒雪冷的荒原，当然要快快跑步重新躲进避风港；与之相比，经历过不幸婚姻，夫妻交恶最终分崩的人，反而会战战兢兢，小心谨慎，就好比从一个泥坑里摸爬滚打若许年，好不容易挣脱出来，再缔结一门婚姻就会左思右想，深怕一着失错，再入泥坑。用句俗话讲，就是"一朝遭蛇咬，十年怕井绳"。

那么，这样的再婚不是背叛，而是怀念；不是想要遗忘，而是力争重现；

不是随手丢弃，而是痴心寻觅——怀念以往的幸福，重现过去的美好，寻觅失落的世界。既然这样，放下悲伤，寻找爱情，保持爱情，发展爱情，升华爱情，便是再婚者的真正使命；而我们要做的，不是怀疑和谴责，而是送上旁观者最为真诚的祝福，祝福婚姻，祝福爱情，祝福幸福。

第13章

断掉一分执着：所得未必如所愿，心路平处世路平

达不到时，就转身吧

很多时候，我们的人生就毁在过分的执着。做人总要明智些，适当地示弱、认输、放弃，并没有什么不好。“坚持”这回事，做到九十九分就可以了；“执着”这张试卷，答满九十九分也就足够了。为什么非得要百折不挠？九十九折之后，爬起来，拍拍土，步向另一个方向，既尊重了生命，又善待了生活。

看电视，看到一个女孩子。二十多岁，在台上和男朋友相对而立，方盘大脸，牙齿也不整齐，妆化得不轻，穿一件绿色的连衣裙，质料很平常的样子。有聚光灯打着，方有这一二分的明艳，走下台去，立马就没入人群看不见。

你我皆凡人，生在人世间，这样的形象和气质都正常，太正常。

但是她一开口，就让人感觉出了不一样。男朋友想求助大家帮他把女朋友“扳”回来，女朋友一脸不屑，扬着脸儿：“哼，我就是要跟他分手，谁让他不支持我的理想的！”

什么理想呢？

“我会唱歌啊，朋友说我唱歌可好了。朋友还专门为我写了歌。”然后她开口唱《隐形的翅膀》，几乎每一个声音都不在调上；然后她又开口唱朋友专门为她写的歌，结果调门仍旧是《隐形的翅膀》。

“我还会走模特步，他们都说我的腿好，能做腿模。”在台上走的结果，是哈着腰，两只脚倒是交替着行走在一条线上，可是肩膀为什么左一横右一横，像黑社会呢？主持人说自己腰疼的时候，别人让自己做的也是这么个动作。

“我还想演戏。张艺谋的《三枪》为什么没有火？就是因为闫妮的那个角色没有请我来演。”大家哄堂大笑。

她说话的时候，是不看台下的人的，也不看她的男朋友，就是眼神向左扬，回过脸来，眼神再向右扬；脸儿抬得高高的，那个方方的下巴就更明显了。她说：“我缺少的只是一个机会罢了。我需要一个伯乐。”

这句话她重复了三次，就是说：“我需要一个伯乐。”

她说：“我好有才啊，难道你们看不出来吗？”

“你都有什么才呢？”主持人问。

“我会唱歌啊，我还会演戏，我还在家里练模特步，我还写诗。”男朋友一脸无奈：“她每天半夜十二点在家里念诗，楼下的小孩吓得嗷嗷的。”可是她自告奋勇念出来的自己的诗作，分明是层次非常低的打油诗啊。

而在没有伯乐的情况下，她又好坚持。父母不同意她整天地这么着，她打开窗户要跳楼，父母没办法，只好放她走；男朋友不同意她整天这么着，她就站在台上，这么高高地扬着脸说：“我要和你分手，谁让你不支持我的理想。”“我相信，有梦想就一定会成功！”

看看，这种心灵鸡汤式的励志毒药把一个好好的孩子祸害成什么样子！一两年前还肯端端盘子、做做服务员、过过正常人的生活，如今却整天痴心妄想着出名，红，有钱。她这不是理想和梦想，理想是什么？我觉得当老师好，我以后想当一个好老师；我觉得当作家好，我以后想当一个好作家；我觉得开飞机好，我以后要当飞行员……而在现实和目标之间，是漫长的为实现目标而做的努力和准备。目标是明确的，努力是有的放矢。这个女孩子并不知道自己到底想从事什么，她只是想要红，想要出名，想要有钱罢了，于是就像无头苍蝇似的，东一下，西一下，写写诗，练练模特步，唱唱歌，然后在台上出出丑。

——我甚至私心揣测着，她是想通过出丑来把自己搞臭；通过把自己搞臭，达到出名的目的，哪管它是好名坏名，只要是能出名就是好的！能出名后被人赏识，然后有钱，那是最好不过。

男朋友黯然离去，她目送着他的背影，分明有不舍，转瞬却仍旧高扬了头，说："哼，走吧。我相信，有梦想就一定会实现的！"

真的就有梦想一定会实现吗？我梦想撬动地球，哪怕你真的给了我一根能撬动地球的杠子，这个地球就真能被我撬起来吗？我梦想当化学家，哪怕是让世界上顶级化学家来教我，我天赋不够，这个化学家就真能当得成吗？我梦想家财亿万，可是我只是一个普通的中学教师和普通的写作者，怎么能靠这两个职业写出亿万的资产呢？有的梦想真的就只能是在梦里想想罢了，醒过来该干什么还干什么，踏踏实实，一步一个脚印的。

人贵有自知之明，能掂得清自己几斤几两，走自己努把力就能走上去的路，做自己努把力就能完成的事，摘那颗跳一跳就能摘得到的果子，而不是像猴子一样拼命跳着想要摘天上的月亮——那不是执着，是疯魔。

放不下时，就提着吧

就好比感冒发烧，如果“放下”是强行退热的逆势疗法；放不下则是顺势疗法。嘴里念着权，心头萦着情，手指头按着计算机盘算金银，一来二去的，总有一天人也大了，绮念也淡了，争斗也看开了，这股子放不下的劲也就放下了，烧也就退了。

一个男人，事业有成，妻子温柔可人，儿子淘气聪明，一切看上去都很完美。但是谁也不知道，他在儿子八九岁的时候，开始频繁做恶梦，每次梦中都把妻子杀死，然后力争完美地藏匿尸体。他害怕自己有嗜杀的基因，求助于心理医师，也向心理医师袒露了深埋心底的秘密：

在自己大概八九岁的时候，父亲当着自己的面杀死了母亲。此后父亲被判极刑，自己被奶奶带大，从小学到中学，一直被人指指点点。奶奶有时候夜里会抱着他哭，直到把他哭醒，他就跟着奶奶一起哭。那是一段非人的漫长时期，需要极大的忍耐力。而这一切他都忍耐下来了，直到现在。

心理医师通过分析，告诉他，他渴望的是自己也能像儿子一样有一个完整的童年，而他潜意识中始终希望能够像一些不幸的孩子一样，拥有哪怕是单亲，而不是失去双亲。所以，他的梦在重复着一件事，制造完美谋杀，借此来安抚自己的假想：父亲不会因杀妻而被定罪。这样他就不会失去双亲，童年也不会那么凄惨了，同时也不会从小就背负着那么多、那么重的心理压力。

心理医师建议他把自己小时候的经历以及做的梦都告诉太太，因为他已经承受了太多不该承受的东西，男人淡淡地笑了一下，摇了摇头："我老婆是很单纯的那种人，从小生长在丰衣足食、无忧无虑的环境中，所以有些事情还是让我继续扛着吧，我不想让她和我儿子知道这些。我受过的苦，已经过去了，再让他们知道这些也没什么意义。我知道，跟她说也许能让我减轻一些心理负担，但是对他们来说却是增加了不该承受的东西，何必呢？"

自始至终，他没有任何抱怨和仇恨，也丝毫没提过有多恨那些议论过他的人。他肩负着沉重的负担，抹也抹不去，放也放不下，然而他却把这些转化成前行和保护家人的动力，使自己活得更坚韧。他之所以有今日的成功，也正是因为如那位心理医师所言："他能承受一般人所不能承受的，那么现在的一切，就是他应得的。"

还记得以前卖房子、买房子的经历：卖房要定价、要到中介所挂单、要揣着钥匙带人看房。买房要看地盘、要到现场监督施工、要坐在自家的沙发上畅想未来。卖房的时候心里有不忍，抚摸着自己设计的月洞门回想刚搬进去那年的八月十五，天地苍茫，孩子尚小，被我牵着小手，走在小区外面的马路上。月亮很亮。买房的时候心里有展望，要有茶室，茶室要有门额，门额题什么字好呢？窗上要挂竹帘，墙上要铺一幅《兰亭序》，地上铺地毯，放矮桌，盘脚卧腿坐蒲墩。室外有小院，小院里要放长椅，秋天到了，落叶绣在长椅上。

有友自远方来，我给他们用素油炒自己种的青菜。

就为这件事情，我好几个晚上睡不好觉。我就是这么一个放不下、看不透、想不开的人。

所以我有罪恶感。李叔同放下了，义玄放下了，那么多聪明人都放下了，可是我自己却放不下。不过现在想开了：放不下就放不下嘛。放不下有什么了不起。真正的“放下”，那都是浴血而生、火里涅槃的。面对过真正残酷的，他的坚强就是真正的坚强；接触过真正丑陋的，他的美好就是真的美好；体验过真正复杂的，他的单纯就是真正的单纯；曾经满满地提溜着这一切的残酷、丑陋、复杂，穿过尘世，然后又恢复到了坚强、美好和单纯，此时的放下才显得一无挂碍，浑身轻松。这种放下的状态才最坚实，最稳定。

因为一点小情小调、小伤小痛，就想要放下，这会儿看似放下了，一想到买房、购屋、孩子上托儿所、鞋城里卖的鞋在打折，马上一路飞跑。一边跑一边自谴，觉得自己咋恁俗、恁堕落、恁不高人呢……可就是没想到一件事：人活着本来就很累了，咋还那么左右互搏地自虐呢？

既然提尚且提不起来，放又有什么资格说放下？既然放不下，那就提着吧。总有一天人也大了，心也大了，这股子放不下的劲也就放下了。

——再说了，都说放下，就一定是对了？放不下有什么了不起？当你这样想的时候，你已经把“放下”这个执念放下了。退一万步说，就算一辈子放不下又怎么样？把放不下的劲头转化成正能量，更可以使人生更上一层楼。

走不通时，就停下吧

世界上有些路，真的是走不通的，既没有未来，也没有尽头，就像一个个的黑窟窿，吞噬掉一个个鲜活的生命，比如杀人放火、行凶作恶、偷抢拐骗等。明知走不通，为什么还要走？停下！回头！

我有一个堂妹，原本活泼可爱，刚够法定年龄就结婚，婚后生活虽然平淡，倒也甜蜜。结果她迷上了上网，开始有家不回，有孩子也不管，自己打工挣来的钱全扔进了网吧，大年三十打电话让老公和老妈拿上钱到网吧里赎她。

时间久了，心野了，家里不给钱，就偷米面粮油换钞票，家里防范紧密了，就骗同学的自行车和电动车来卖，到最后由骗到偷，由偷到抢，要不是案发，真不知道她会在这条不是路的路上走多远。

恶行其实都是从微和渐开始，像滚雪球般越滚越大。

一个男人，胸怀大志，到处向人描述和兜售他的远大梦想，骗姐姐和父亲的钱，又骗合伙人的钱。经营公司期间，他的全副精力都用在如何骚扰女下属，吓得刚毕业的女大学生一个个满怀憧憬而来，又惊慌失措而去。有一个女孩子被他骚扰得实在无奈，报警两次，他却说他之所以进派出所，一定是这个女生用出卖肉体的代价诱使警察抓自己。到最后他的公司倒闭，姐姐的钱打了水漂，姐夫为此和姐姐离婚；父亲所有积蓄都没有了，每个月只能靠微薄的退休金度日；他的合伙人见势不妙，提早撤资，只损失了一小部分，这还算万幸，他公司的员工也都没有拿到薪水。他现在每天也不知道搞些什么，深更半夜给女孩子发骚扰短信，信中的内容不堪入目；又欠了银行的巨额债务，高达几百万。即便如此，当他见到别人的时候，仍旧在侃侃而谈自己的远大理想，什么开全球连锁公司，自己出任总裁，然后功成身退，闲云野鹤，弄竹品丝……等待他的，只能是法律的严厉制裁。此路不通，却不知回头，真不知道哪里来的这么大的勇气和痴迷。

若是一个人能够在歧途上猛回头，急刹车，这个人，就真的是有大智慧。

佛祖释迦牟尼在世的时候，印度王舍城有一位大盗，信奉杀足千人可得解脱的邪教。因而，他成了杀人不眨眼的魔鬼。慢慢地，人们都知道了他的恶行，躲得远远的。因此，他在杀了 999 个人之后，再也无法找到可宰杀的目标了。于是就计划杀死自己的母亲，凑足千人之数。佛陀听说了他的事情之后，马上赶来度化他。大盗看见释迦牟尼，就放掉了自己的母亲，来追杀这个光头赤足的沙门。然而，他追得快，佛陀走得也快，他赶得慢，释迦牟尼也便慢下来，虽然只是间隔着一小段距离，他却总是追赶不上。于是，大盗就高声喊叫：

“站住，别跑！你给我停下！”

佛陀一边走一边说：

“我早就停住了，是你自己停不住。”

大盗就是听了这句话而恍然大悟，放下屠刀，改邪归正。

希望每一个人在恍然惊觉自己的路越走越窄的时候，能够果断下令：停住，还有第二条路！

发现错误时，及时改正吧

每个人都有犯错的权利，每个人也都有不悔改的权利；每个人都有尽量少犯错的义务，每个人也都有尽量悔改的义务。由于不是完人，所以我们犯错；因为我们是“人”，所以我们勇于改正。

一个老医生，从医一辈子，记不清到底站过多少个手术台，做过多少次手术，面对过多少个病人。他说，他这辈子见过的鲜血也许超过了他喝过的水。因此他也对生命感觉麻木，也记不清收受过多少患者的红包。他是这个行业的佼佼者，收入高得令人咋舌。他不相信灵魂，也对信仰没有一丝敬畏，反而有点儿鄙视——那只不过是一些人编造出来的东西，并且用它骗了另一些人罢了。

——他甚至见死不救。

儿子长大后，他也让儿子学了医，并且把自己的这一道所谓的“医道”全盘传授给了儿子，然后亲眼看着儿子一天天走着自己曾经走过的路。他曾经对儿子说，生命只是血压、神经弱电，只是条件反射、记忆，根本没有什么灵魂，没有天堂，也没有地狱；更好地活着才是最重要的，问心无愧和高尚只是愚蠢的表现；信仰是一种无聊的自我约束，它只能束缚我们，而我们不会因此得到财富。

他就这么一而再、再而三地说了许多年，说了许多遍，直到说得儿子对父亲的道理坚信不疑。

直到有一天，他发现，已经人到中年的儿子，在自己的面前，坦然地描述着那些自己亲手教会他的下流手段，他不寒而栗。

他感觉自己被恶魔附身，也感觉儿子被恶魔附身。可是他除了叹息，什么也做不了。他不是不想推翻自己曾经的说法，可是儿子不会相信。儿子如今年富力强，正大步走在父亲带他走上的“阳光大道”上，也许直到生命的最后关头，才会明白这一切多么荒唐。他会像自己一样被愧疚啃噬心灵，苦痛难当。他害怕，怕儿子将来会像自己一样下地狱——一个没有信仰的人，现在却感到了宗教里那种深深的恐惧。

心理医师奉劝他直面内心，做忏悔，他勃然大怒：“别站在道德的制高点上说大话了！在我看来，你不过是个乳臭未干的毛孩子！”

心理医师耸耸肩：“如果您愿意的话，您可以对每一个人忏悔，不管他是谁，但是您无数次放过这个机会，对吗？包括现在。您这么大岁数跑到这里来倾诉，并且还为此付费，但到目前为止，我所听到的只有两个字：恐惧。并没有一丝忏悔，也没有哪怕一点点内疚。您为自己曾经所做过的感到不安，但那只是您明白了什么是代价，您的恐惧也因此而来。”

最后，心理医师总结陈词：“我认为，您是不会下地狱的。”

老人愣住了：“为什么？”

“您为什么要担心自己会下地狱呢？您已经在那里了啊。”

这是我在《催眠师手记》里看到的一个故事，很悲凉。明明知道做错了，为什么还要一错而再错？明明知道做错了，为什么不能往回扳正一些呢？明明知道做错了，为什么还要强词夺理、振振有辞？明明知道做错了，为什么不为这些年收受的红包感到惭愧，不为这些年坑陷病人感到内疚？明明知道做错了，为什么不直面内心，直面灵魂，做忏悔？

卢梭写《忏悔录》，是敢于直面内心的，而直面内心，直面自己曾经犯过的错误，却是极难极难。每个人都有粉饰自己的心理需求，只是不想让自己在自己面前锈迹斑斑，卖相难看。可是犯错却是每个人都会做的事，承认了这一点，然后勇于承认错误，改正错误，才能使自己在自己面前更好、更光鲜。

——哪怕你悄悄地忏悔，悄悄地改变。

留不住的，就放手吧

张爱玲说：因为懂得，所以慈悲。事实其实是这样的：因为爱，所以懂得，才肯慈悲。对于不爱的人来说，因为不爱，所以不想懂，不愿慈悲。

她当初考进这所大学，真是千辛万苦的事。家里给她买了一条裙子，脖子上系一根黄飘带，走到哪里炫到哪里。年轻的讲师一看见她，眼睛就直了。

讲师已经有了女友，仍禁不住要把她拉到自己的怀里来。转眼她的生日到了，讲师大驾光临。熄灯铃响了，讲师要走了，她说我送送你。这一送，就送了一夜。

然后，事情就变了。往常讲师见了她像块膏药粘上来，如今见了她跑得比兔子还快。

有一天，她和舍友一起去讲师那里玩，舍友说唉呀别去，多不好意思。她说怕什么！有我呢。去了后，大家规规矩矩坐着，只有她这儿翻翻，那儿翻翻，“咦，书架上的瓷马怎么不见了？我上次来的时候，还有呢。”“这本书什么时候买的，我怎么没见过？借我看看。”讲师一把就夺过去了：“不要乱动我的东西！”

要毕业了，大家都走了，只有她没走，在宿舍里坐立不安，等他来。可是整整一夜，他也没有来。

此后日子宽如流水，转眼十几年过去，大家都在不同的地方结婚、生子，过日子。她嫁了人；讲师也成了副教授，早已娶旧日女友为妻，还当了一个不大不小的官，结果又想起来旧情，对她勾了勾手指，她屁颠屁颠就赶了过去，砍瓜切菜也没有这么容易。

一天，他从她的家里出来，迎面正碰上她的老公，两个人在楼道里叮叮当当扭打在一起。到现在她和老公还在分居，他是不敢再来，不过他刚又升了官，而且买了新车，无处得意，就又把电话打到她这里。她的幸福无可言说，就又把电话打到舍友这里。

她说："唉呀，老师给我打电话来呀！"然后无比荣耀地叹气，"真可惜，为什么我不早点下手把他抢过来？"唉，当初是你要抢就能抢过来的吗？明知道留不住，还不肯放手。殊不知相恋如同相战，谁留恋到最后，就是必输。

自己曾经喜欢过一个人，喜欢他的温柔细致，喜欢他的白面长身，喜欢他的诗人气息，喜欢他看我时，细长的眼睛里跳跃着的光。

可是后来道路分叉，彼此分开，各自安家，这点子情怀就被抛到了九霄云外。有一段时间，这个人非常热衷于给我发短信，我再没回过；有时是半夜两点，有时电话响两声就挂断。甚至有一次，电话响起，接起来，对方不说话，是那种抵死入骨的吸吮，我出了一身汗。有一次是陌生的电话号码，以为是他，一查，远在上海。后来才知道，他给表弟打工，被远派上海，换了号码——还是他。

说实话，感动，但是也烦，最想说的只是一句话：爱我，请不要打扰我。

你不必整天想着我，更不必睡里梦里都是我。你知道当你深夜不睡，发来短信的时候，我是怎么对待的？你字字深情的表达对我来说只不过是一堆理不清看不明白的乱麻，搞得我头大和火大，所以一律删无赦；你更不必喝醉酒找我和打来电话骂我，我句句的敷衍都是不耐，你借着酒劲的撒娇更让我想把你踹到天外，永不再回来。

当然，也请你不必担心我，我好或者不好的时候，从来不会有和你有关的什么。我哭了，哪怕一个人向隅，也不肯让你来陪我。如果你执意要来，只会让我更加寂寞。也许我们当初曾经相爱过，但是，“当初”是一个什么样的词，你我都晓得。所以大雪纷飞中，你念着“昔我往矣，杨柳依依，今我来斯，雨雪霏霏”，一边怀念我们曾经共有的时光，我却巴不得把这些全忘掉，但愿从来没有存在过。

你知道我最怕你什么？最怕你一首一首发字谜给我，让我猜，搞得我不胜其烦，于是发一个删一个，实在删无可删的时候，干脆我把字谜送我朋友了。他说上面写的是：“想要把你忘记真的很难。”你知道我听了什么感觉吗？我恨不得你立刻就把我忘记，再也不要想起，只要你从此不要再发这种无聊的东西。因为心里没你，所以再也听不进你的恋歌。

不是不知道你因为爱我，所以在等我，因为爱我，所以一遍遍地叫我，就算你在参加你的同学们的聚会，也一定要拉上我。我真被你的电话弄烦了，于是干脆把手机关了。我明知道你会有多么的失落，可是我再也无法忍受这种被纠缠的折磨。

爱情就是这样一种东西，它来了，你是我的世界；它走了，我把你卷起来搁在最不起眼的角落。你看，一个对你不再有感觉的人，就是这么狠的。既然明知留不住，又为什么不放手呢？

第 14 章

舍得一分虚荣：荣枯只如花照影，实实在在是人生

他强任他强，清风拂山冈

世情如炉，人心似铁，叮叮当当，火花飞溅，万不敢把心炼成杀人的刀、坑人的剑。哪怕世风贫瘠，落红成泥，心里总得留一个地方，种一个小小的花园给自己。

读书的时候，班主任或者哪个老师，走进教室，手指头一个个点着：“张强、陆敏、花灵灵、赵芹，你们几个来一下。”然后这几个学习优秀的人就在众人猜测且艳羡的目光中鱼贯地走出教室，接受老师一如既往的勉励。我心里就想：“老师为什么不叫我呢？”那一刻，心里真难受。

年终要评三好学生，然后三好学生上台领奖。我几乎一直以来，都是坐在台下观看和鼓掌的那一个。心里也真是难受：“为什么没有我呢？”

长大了，工作后，受表彰、受奖励，也很少有份，虽然一直很努力地工作，而且成绩也不错。毕竟情商低是一件很累人的事，从小不会为人处世，这是自己至大的一块软肋。但是看着人家风光，心里就会有一种叫作“嫉妒”的情绪。

还有一次，一个同事调动成功，去了一个更好的单位，我心里十分难受，躺在床上不愿意说话：为什么人家就能办成，我就不能呢？我真傻。那一刻，真恨不得时光倒流。可是时光再倒流，不会的仍旧不会，天生的笨头笨脑。自怨自艾的懊恼让我自我厌弃，消沉了好一阵子。

情形直到四十多岁，一天天好了起来。不是外在环境有多好，该有的磨折一点不少，别人比我得到更好的待遇和机遇的事情仍旧层层叠叠，只不过看得清楚，想得更开：他强任他强，清风拂山冈。

参加一个杂志社的笔会，因为在这家杂志举办的一次征文大赛中得了三等奖。说来也是落差极大，一等奖的奖金是十万元，三等奖则是价值两千元的奖品。主办方这样设置自然有这样的原因，得一等奖的也是有名气的作者，可是心里仍旧有不服气，特地把这位作者的参赛作品找出来看。在笔会中，索性坦承自己的作为："因为怕主办方徇私，卖人情，所以特地看了那篇文章，由衷觉得，这个奖，就该人家得。"这话说出，自己的心里也坦然和轻松了。

一直以来，都觉得人家能做到的我也能做到，人家能说出的我也能说出，人家能得的待遇为什么我不能得。从这时候，算是真正承认了强中自有强中手，更何况我又不是那么的强呢？心平世路平呢。

也曾做过丢人的事，也曾因为被压制，心头郁怒难平过，如今都已经看开想开，能放下且放下了：用手中的笔写心尖的话，这是命运最大的恩奖，还要别的什么鸟奖；被压制又能压制些什么，无非是该得大奖的时候给一个小奖，该得奖的时候不给奖，该得的荣誉不给，如此这般罢了。可是那有什么，还是那句话：能用喜欢的生活方式过自己的生活，这就是最大的恩奖。其余的一切，不过外加香油半勺，得之则喜，不得亦不悲。

世界上强人那么多，不妨认输示弱，开开心心过生活。

你是谁呀?

白岩松说:“名,是第一个挑战。你用嘴来活,也活在别人的嘴里。人群面前,有的人被众星捧月,有的人被视而不见。你是否做得到众星捧月时还知道自己是谁?被视而不见时还知道自己该做什么?”他肯如此自问,我们为什么不肯?

影星维尔·史密斯曾经批评一些年轻人的生活方式:许多人花没挣到的钱,买自己不想要的东西,向不喜欢的人炫耀。

为什么会这样?

因为觉得爽。

为什么会觉得爽?

第一,花钱的感觉好爽:我好有钱啊!第二,买东西的感觉好爽:大家都有的东西,我也有了;大家都没有的东西,我也有了!第三:炫耀的感觉好爽:你们所有人都不如我,哦耶!

可是,你是谁呀?

韩红一次上厕所,被收费大妈叫住。她问:“你不认识我吗?”大妈:“不认识。”她说:“我是唱《天路》的韩红啊!”大妈不买账:“那又怎样?”

萧伯纳参加一个宴会,一个十多岁的小姑娘没给他让路,他说:“你不认识我吗?我是著名作家萧伯纳。”小姑娘毫不客气:“你不认识我吗?我是著名学生琳达。”

连名满天下的人都有人不买他们的账，那么，我们这些没有名满天下的人，就算赊尽了天底下所有的账，买到了天底下所有的东西，向天底下所有的人炫耀，恐怕也不会被天底下所有的人买账，甚至会被天底下所有的人不买账。

所以，认输算了。

花自己能够挣到的钱，买自己真正需要的东西，不向任何人炫耀。

晚上赶去市里听一位老先生讲话，听他讲论人心，说世界上绝对的公平、公正、公开的大同世界其实很难存在，真正的天堂是人人都能够在他自己的位置安居乐业，我贸然插了一句嘴："各安其位。"老先生说："对，各安其位。"

可是很难。

人从来都是得陇望蜀，这山望着那山高是常事。好在所谓的安于其位和安居乐业，一个"安"字，一个"乐"字，说的无非是一种精神境界。不去削尖脑袋钻营，不去左踢右踹竞争，不去损人只为肥一己之私，而是像颜回一样，一箪食一瓢饮，精神上无限满足与喜悦。安，是安于物质，乐是乐于心灵。

我的小孩是一个比较普通的小孩，两年前开家长会，代表学生发言的没有她，上台表演节目的没有她，她的同窗、好友、宿舍的好姐妹都一个个上台，她在台下是那个一脸兴奋地鼓掌的人——一个被边缘化的好小孩。家长会散了之后，她拉着我，去看教室的外墙，上面都是学生们的涂鸦，里面有一圈一圈的彩色泡泡，还有一颗大大的镶金边的红心，她拉着我的手："妈，妈，这是我画的。"

我拿出相机，认真拍了下来，就像在教室里拍孩子们唱歌的时候，我拿相机扫遍全教室，然后认认真真拍她专注聆听的侧脸。妈妈在，妈妈爱她，关注着她。牡丹是花王，吸收了世界上生生世世恒河沙数以千亿计的目光。世上的普通人千千万，就像栽种在泥土里的成排成阵的大白菜，他们也都有一棵想要长成牡丹花的心啊。

爱看胡兰成的《今生今世》，又喜爱那里提到的一个人，步奎："步奎近来读莎士比亚，读浮士德，读苏东坡诗集与宋六十家词。我不大看得起人家在用功，我只喜爱步奎的读书与上课，以至做日常杂事，都这样志气清坚。他的光阴没有一寸是雾数糟塌的。他一点不去想到要做大事。他亦不愤世嫉俗，而只是与别的同事少作无益的往来。"

这就是我喜欢这个步奎的原因，因他不钻营，他普通，但是志气清亮坚定，不浮躁，不虚荣。

如果我们都像他，就好了。

生活在鲜花与掌声之外

谁都有成名的渴望，也没有几个人能够狠心拒绝加身的光环，我们都是凡夫俗子，能够站在聚光灯下，收获鲜花与掌声，当然荣耀。只是一定要清醒地看到生活平淡如水、琐碎散漫的本质，才能做到在荣耀与平淡之间无缝切换，没有落差。

又到过节，应酬宴饮，举杯频繁。这是一个无偿奉送鲜花和掌声的节日，每个人都收获了比平时多一倍的关注和称赞。所幸一年也不过数天的狂欢，不至于把人灌醉到不知东南西北，每个人都能及时醒过味来，找准自己的位置。

怕就怕一个人经年累月被鲜花与掌声包围，神智就会被这种东西催生出的热量烤坏。

庞秀玉，是一个曾经的“名人”，而今已经被遗忘。当年对她火热的宣传造势到现在我还记得。她是少年神童，大师巴金写信鼓励她好好学习，很多地方请她签名售书、做演讲。在她访日期间，一位日本小朋友拉着她的衣襟说，长大后一定要来中国，向她学习读书、写作。没想到，若干年后再见到她，却是一个有三个孩子的未婚妈妈，遭情人抛弃，生活艰难。

都是鲜花和掌声惹的祸。怪只怪荣誉来得太快、太猛，把一个小孩子的心给“忽悠”乱了。心静不下来，学习怎么会好？一个没有足够积累的小姑娘，又有什么能力在文学之路上披荆斩棘，一路高歌向前？

这就是鲜花与掌声以外的真实生活。热闹而热烈的鲜花与掌声是最不负责任的。这些只不过是一场华丽而有毒的盛宴，一个飘飞着的五光十色的肥皂泡，当泡破梦醒，曲终人散，真实生活已经被破坏得千疮百孔，这个，谁来负责？

其实，根本就不必质问，也无法向任何人质问，每个人都是怀抱善意的，只是谁也没有想到，这种善意会转化成只能让一个人独自承担的苦涩命运罢了。说到底，生活只能由自己负责，而不能由献给自己鲜花和掌声的人来负责。

素有“吉他之神”美誉的英国摇滚巨星艾瑞克·克莱普顿，在20世纪90年代初凭着一曲经典作品——《泪洒天堂》，获得格莱美奖——这是用他孩子的生命换来的荣耀。艾瑞克5岁的孩子因保姆的疏忽，不小心坠楼，年幼的生命惨遭摧折。

这位受世界音乐人尊崇艳羡的“吉他之神”，拥有了全世界的掌声，却保不住他挚爱的孩子。

这就是生活的真相，再多的鲜花和掌声，也无法让一个哀痛的父亲怀抱活蹦乱跳的孩子，抵达刻骨铭心的幸福彼岸。真正的生活永远在鲜花与掌声之外，而鲜花与掌声，只不过是站在自己的生活外围的一个冷漠的看客，甚至刻薄地说，鲜花与掌声，是围着餐布，抡着刀叉，准备随时把自己分而食之的。当把你吃光啃净，马上转向下一个目标，根本不管你的生活怎么被它搅扰得乱七八糟。

但是，鲜花是香的、美的，掌声是响的、亮的，赞美如美酒，如醇醪，谁不愿意痛饮求饱呢？有梦的，继续做梦吧，尽可以梦见自己站在舞台中央，强烈的聚光灯打在自己身上，鲜花如海，掌声如潮。只是莫忘给自己提醒：真正的生活永远在鲜花与掌声之外，痛痒之处，独自承当。

别人的家，只是自己的路

世界上存在着各种各样的模板，供我们把自己的生活方式填塞进去；又存在着各种各样的标准，供我们对自己的生活进行评判。可是千人千面，各有兴趣和追求，为什么一定要对别人亦步亦趋，不如认真听取灵魂的语言，建设自己的家园。

我的一个朋友，堪称命途多舛。刚毕业的时候被分配到一家不错的化工厂工作，待遇优厚，福利齐全。领导看他有文凭，学历高，特地把他提拔成业务主管。当时正是诗歌大热的年代，中文系毕业的他把海子的诗歌奉为圣经，一心朝拜，每天上班伏案疾书，写的不是企划文案，而是一行一行的诗篇。写来写去，诗稿越写越多，堆积一尺多厚，业务却越缩越小，有一年甚至得了零蛋，他也跟着越降越低，到最后领导索性派他去看大门。

我认识他的时候，他已经把这家工厂的大门看了好几年，诗歌么？早就不写了，受王小波的影响，开始思考怎么才能过像他一样率真有趣的人生。为了这个目标，效仿独行侠，一个人跑到北京，随便拣个小酒馆，一边喝酒，一边心里很空，感受着“前不见古人，后不见来者”的怆然。要不然就招一帮狐朋狗友，一起狂欢，喝醉回家，夜深沉，好一似李太白宫锦夜行。老婆问他：让你换煤气罐，你跑哪儿去了？他翻着白眼打仰：“大丈夫……当特立独行，谁帮你换，换煤气罐……”气得老婆扭身回了娘家，第二天就要跟他离婚。

后来，王小波也厌了，收入少，麻烦多，生活像一领皮袄，上面爬满了狗蚤。又转而羡慕弘一法师的出家为僧，啊，是那样的“华枝春满，天心月圆”，是那样的一无挂念，沧海青山。自此口里禅诵不绝，每晚打坐不断，心里琢磨着是渐修好哩，还是顿悟好？做唐僧那样宝相庄严的和尚好，还是要“鞋儿破，帽儿破，身上的袈裟破”？

我认识他的时候，他连弘一也厌了，又转而开始怀念那些自杀的诗人，比如顾城、海子、戈麦，并且准备效仿他们，有朝一日也死得轰轰烈烈，惊动世人。

说实话，他的身体在场，灵魂却在永远飘荡。他把别人的结局也当作自己的归宿，于是迷失在一条条路上面。

这并不是个案。好多人都把别人的人生当成自己的偶像，就像把一件件华丽的衣裳，不论修短肥瘦，不分青红皂白地套在自己身上，就这样穿着不合适的衣裳走来走去，外表华丽，内心迷惘。

其实每个人都有自己特定的精神家园，或诗，可画，可文，可绣，乃至刨土豆、做工匠。建立起真正的精神家园的人，也许吃穿粗朴，脚不停步，或者挥汗如雨，手不释卷，很奔波，很辛苦，可是，他们的心灵宁静，妥帖，安然。美国的卡特总统就说过一句名言："That's meant an awful lot to me. It's a kind of therapy, but it's also a steadying force in my life—a total my mind." 意思是说他在做木工活上找到了生命的依托。对陶潜来说，到官场转一小圈，就相当于人们到异地游览几天，终于厌烦，解官归里，手抚孤松而盘桓，这里才是他真正的家园，精神上的家园。哪怕举家食粥，锄豆南山，汗流满面，可是，只要有了那一刻"采菊东篱下，悠然见南山"素朴与安然，所有一切，都值得了。此刻，拿金玉珠宝交换他手里的稻麦菽稷，拿高官厚爵交换他身上的布衣素衫，拿金碧辉煌的宫殿交换他居住的瓮牖绳床，怕是他也不换。而对有的人来说，哪怕再怎么端坐书房，品茗读书，但是他的最终目标不在这里，而是在名疆利场，那哪怕他把这种清雅生活吹得山响，也没用，他的灵魂并没有找到安住点，仍旧漂泊在路上。与其如此，为什么不投身红尘，好好地过一番名利人生呢?

知道自己适合什么生活的人有福了，看清灵魂需要什么样的家的人有福了。我们追星，崇拜偶像，效仿别人，其实都是迷失在路上。看清这一点，就会从今以后，桥归桥，路归路，所到之处，哪怕好风好水，也不忘提醒自己一句：那是别人的家，只不过是自己的路。

孤岛的梦想与光荣

人是有"气"的，无论正邪。越是成就了"自己"的人，气场越强大，你吃不掉他们，他们只会吃掉你，所以即使是好的，也照样要远离。离钱钟书远些，离陶渊明远些，离佛远些，离道和庄子远些。换句话说，若想做"自己"，必得离经、叛道、做孤岛。

结识了一家报纸的副刊编辑。这个人日常生活极不丰富多彩，除当编辑之外，只不过读读书，写写字，同事宴饮一概不参与，而且既不吃请，也不受贿，任何一篇关系稿在他这里都不得其门而入。对别人的说长道短一笑而过，从来不往心上去——想来凡是对一事痴迷的人，都会对其他事情持拒绝姿态。他们无论在外界的眼里是一个什么样的人，或者孤独，或者疏狂，但是在自己的心里已经达到一种生态平衡，所以即使敝衣袍，箪食瓢饮，仍不改其乐。

这种又臭又硬的脾气使他根本无法混迹人群，就像饭里的沙粒，总会被挑拣出来。旁人都说，太过特立独行，不合时宜。甚至有熟人说，目前社会竞争如此激烈，下岗、分流、失业大有人在。他既不请客，也不送礼，更不肯委屈自己和别人应酬周旋、搞好关系，这怎么能保住手里的饭碗呢?

但是很奇怪，别人花大钱，送大礼，钻墙觅缝想干副刊，却没机会，照样被分流走人，他一点旁门左道没走，却在副刊编辑的位置上一干十年。在他周围的环境里，能在报纸副刊一气干上十年的，他是东风独秀第一枝。看来还是应了一句俗语："打铁还得自身硬。"只要自身本事过关，再独绝都有一席之地——整个社会最根本的运行机制说到底还是看本事下菜碟，而不是看关系、看面子、看人情——既在社会上有一席之地，又能够保持心灵自身的生态平衡，未始不是一种理想的生活状态。

以前没听说过艾未未这个人，后来才知道这家伙了不起——不是因为他没有躺在老爹艾青的功劳簿上吃老本，也不是因为他有那么一大溜让人瞠目结舌、仰而视之的头衔挂在那里：画家、前卫艺术家、实验艺术家、著名建筑师、鸟巢的中国顾问。英国《艺术观察》公布了"2008 全球当代艺术最具影响力 100 人"，艾未未排名第 47……而是因为他孤僻、迷茫、退学、出国、浪荡、"像一粒自由的灰尘四处飘荡"。他与张艺谋是同窗，却对张艺谋大加批评，对他的光环和创意嗤之以鼻；他对北京奥运，从福娃、祥云火炬到开幕式闭幕式，从奥运宣传到北京奥组委，无一不批；他拒绝与鸟巢合影，尽管是鸟巢的中国顾问；作为"当代最重要的艺术家"，他却说："我什么家也不是……”

他说，有些事太难了。中国文化就好比一群人生活在一幢很旧的房子里，形成一种很深的习惯和做事方式。而你明明知道这个习惯与做事方式已经使这群人的生活处境非常悲哀，但如果想改变它，却太难了。的确，我们总是毫不犹豫尊崇偶像，毫不留情打击“自己”，因为我们胆怯，害怕成孤岛，害怕被遗忘、被鄙弃、被扔到角落里，像一只穿破了的旧鞋子。

可是怎么会。你看艾未未，他对艺术漫不经心，艺术却回馈他名和利；他瞧不起时尚，却不自觉地成为时尚的引领者；他蔑视权威与主流，到最后不但没被主流抛弃，甚至成为另一种权威；他毫不留情地抨击社会时政，却在这片土地上收获了最大的声望和赞许。

这一切不是靠的运气，他一直在努力，让自己变得坚固起来。吸取、摒弃、思考，这些固然重要。最重要的，是清醒和坚持。

人如沙芥，急流卷来，身不由己。那些做“孤岛”的人，质地超出常人地紧密、坚实。那么多“孤岛”连在一起，拼成最坚实的大陆，才是整个人类心灵的栖息之地。这是“孤岛”的骄傲——因为坚固，所以存在。

但还远不止此。

“孤岛”骄傲，因为它无论怎样孤独，最后都会和大陆成为一个整体。世界、人类、时间、历史，都不会抛弃自己，人类的光荣与梦想里，有自己在参与——这是“孤岛”的梦想和光荣。

第 15 章

消解一分压力：比上永远比不上，比下永远比人强

种瓜不为得瓜，为的是看花

> 过日子不可无目的，无目的容易使人抓不住重点，把握不好生活的节奏；但是过日子也不可目的性太强，否则一旦不能达到目的，便会失去支撑，整个人如同流沙垮塌。倒不如做着有意义的事，但是对于结果不强求。

去书店，那么多的书看得我头晕，就像皇帝在三千佳丽里挑选待幸的美人，一边辛苦挑书一边纳闷：这么多的书，有多少人看呢？偏偏我又刚刚签了一本来写——既然没有人看，我还写来干什么？

偏偏在这关键时刻，一个老先生又兜头给我浇下一瓢雪水。他直言不讳地说希望我立志高远，写出传世之作，不要文字写了许多，能给人留下印象的很少。天啊神啊圣母玛利亚，玛格丽特·米切尔凭一本《乱世佳人》传世，马尔克斯凭一本《百年孤独》传世，路遥即使别的作品都没有，他的《平凡的世界》也足以让他传世。我呢？我拿什么传世？

一句话说得我神昏气丧，写什么都觉无意义，干脆逛街、泡吧、上网、看电视。可是人不累，心长草——我过不来这样的生活。往常熬夜写作，字字都有我的心血，字字都从我的心苗上所发，忙极累极，却像饱吃了一顿山珍海味。黛玉说宝玉："我是为的我的心。"宝玉说她："难道你只知你的心，不知我的心？"我的文字和我的心就是这样的彼此相知。那个时候心净无念，哪里还想得到后世不后世的事。

就像39岁的博比，原是法国妇女周刊《她》的主编，事业做得风生水起，生活过得有滋有味。却因为一根血管破裂，搞得肢体和器官都不能动弹，变成一个“活死人”。要命的是，虽然被囚三尺病榻，智力却完好无损。一个人变成一只茧，僵硬的壳封住一颗勃勃跳动的心。看得见，说不出来，听得懂，表达不出来，全身能动的就只剩一个左眼皮，除了能睁能合，它还能干什么？

可是一位语音女医生无意间发现他有交流的渴望，便尝试着在他眼前举起字母牌，他就用左眼皮的眨动，一个字母一个字母地遴选，一个词语一个词语地拼凑，就这样，居然一行一行地“写”起书来。最后，自传体的长篇小说《潜水铜人与蝴蝶》问世。铜人被幽暗的水体关锁，不能说话，却有着精铜般的意志，而在铜人的一层坚硬甲壳里，藏着的是思想那轻盈起舞的蝴蝶。

一书完成，博比安静去世，没有一丝遗憾。他凭着左眼唯一会动的睫毛“眨”出来的文字，完成了自己最后的人生传奇。我相信，他在千千万万次眨动左眼的时候，并没想着让全世界都知道博比是谁，他只不过想要“说话”而已，这是他辛劳而最感惬意的生命方式——必须如此，不得不如此。

一部《石头记》，那也是曹雪芹经营出来的一亩三分自留地，他何曾想着要流传后世？举家食粥也罢，赊酒来喝也罢，穷、苦、疲、弊、艰辛、操劳，这些都罢，那种有关“披阅十载，增删五次”的辛苦写作的表达，其实从很大程度上是写给别人看的。一边冲别人叫苦，一边偷偷藏起来一种感觉，那就是他从写作中得到的深沉的、足够躲避尘世的、抵挡千军万马的叫嚣与冲击的愉悦。

一个乡土作家说过一句话：“我迷恋生活的过程，于是常常在中途停下来四处看看，也随手捕捉一些风与影。我知道，只要我的手一松，它们就会烟消云散……”正因为怕它们烟消云散，世人才选择了各种各样的储存路径和表达方式，用手、用口、用纸、用笔、用眼、用心，唱歌、跳舞、演戏、写诗。一种方式就是一条路，条条道路都通向渺不可知的未来。

说起来，一个人走上一条路，既是他选择了路，也是路选择了他。前途荒荒，大风大雨，走到哪里不知道，有路无路也不知，反正就是要一步一步走下去。间或风停雨歇，花叶水迹犹湿，小鸟唱出明丽的曲子，这一时半会儿的心旷神怡，就权作了给自己半世辛劳的无上答谢，哪里会想得到遥远的后世。

世上事本就如此，就算你耕田、布种、施肥、浇水，晴天一身土，雨天一身泥，种出一只只西瓜肥头大耳，也挡不住虫咬鼠患，雪压风欺，一场雹子下来，就砸得藤断瓜碎，根本无法注定一个果实累累的结局。倒不如忙时且忙，闲时安坐田园，清茶一杯，看郁郁黄花，蝶舞蜂飞，自是人间一快。谁说种瓜就一定要得瓜？我种瓜，为的是看花。

篱笆不管外面的事

对自己有一个清醒的认知，并且坚持把这种认知贯穿到生活中去，才能说真实的话，做真实的事，过真实的人生，而不是被别人的生活标准牵引着，进入不喜欢的生活范型。

有一次外地来了几个文朋诗友，我勉力相陪，可惜人家根本不睬我，我努力削尖脑袋想钻进人家的谈话圈子，可是人家用奇怪的眼神看我一眼，又继续说自己的，我好无趣。

还有一次，我就职的本地检察院和本地作协帮我开了一次作品研讨会，我算是一个不大不小的主角儿，站在会议室门口迎接四方来宾，努力说着熟络亲近的话，感觉脸上的笑都是僵硬的，身上的肌肉都哆嗦，在讲台上站了十多年的人，竟然紧张到口吃。真羞耻。还不如让我趴电脑前面写一万个字。

真羡慕别的朋友们那种挥霍洒落，妙语如珠，应对自如，感觉人家就是一匹匹的天马，自己相形见绌，自惭形秽，心向往之。

这个世界确实是马的世界，“马路”千千万，马儿们也千千万。他们个顶个儿好样的，要财有财，要位有位，开车开会开公司，长袖善舞，多钱善贾。我也曾战战兢兢练习着参加各种场合，在里面滥竽充数，勉强应付，学人家喝酒、聊天、处关系，可是脸上粘着笑，心头不快活，为什么别人看到的是荣耀加身，我却只看到背后那难忍的空呢？

后来把心一横：这种炼狱般的日子不过也罢，又不是神仙下凡体验生活，没义务去陪演一场虚情假意的戏。

美丽的萨瓦纳大草原，一群健硕的成年长颈鹿，每个体重足有1500公斤，这是连野兽之王狮子也不敢轻易冒犯的族群，它们轻易的一蹄子能把狮子的头盖骨踢得粉碎。但是狮子的到来却引发长颈鹿的溃逃。一只长颈鹿慌乱中摔倒在齐膝深的小溪里，几经扑腾也无法用四条腿支撑起庞大的体重，无奈闭眼，成了狮子的美餐——它被“吓”死了。

很多人走上一条不情愿的路，也是被“吓”的。职场生存法则和社会生存法则层出不穷，我们都害怕被这个繁忙的社会和极具功利色彩的价值标准评判为无能、无力，只好委屈自己去做很多不靠谱的事，三十六计轮番上阵，刺刀见红，像西方领主进行毫不留情的圈地运动，以此来判定自己的生活成不成功，却少有人关心到自己的人格和精神。就像写《非常道》的余世存讲的：“……我们的人格力量被侮辱损害到一个难堪的地方，以至于没有人愿意呈现他的精神状态，没有人愿意发挥他的人格力量。没有了精神的自由空间，我们就只能向外求得一点儿可怜的生存平台，但我们却把这一点平台，这个小小的螺丝壳，当作极大的平台，做成了极大的道场。”

早些年热播的电视剧《士兵突击》里有对脾性相反的朋友：成才和许三多。许三多木木呆呆，我们看他，如米芾见到安徽无为一块丑石，旁人不屑一顾，他却非常高兴，因为看到丑石内里的气韵生动。所以我们是俗人，而许三多和那些喜欢、雕琢许三多的人，是真正的智者。在他们的人生里，金钱、地位、权势、得失，都退居到一个几乎看不见的位置，能看见的，只是信念、友谊、扶持，各人都应许着自己的内心，做着应该做和做了之后问心无愧的事。凭本心行事、让信念说话，过审美人生。

成才却是脸朝外的人，哪有利哪里去，最初奉行的就是被现世的所有人都理解，且堂堂正正去实行的“机会主义”。虽然有些可厌，我们却比他强不到哪儿去——都是为了生存而生存，都是被机会支配着向左走或向右走的欲望人生。和审美人生比，一个山上松，一个涧底藤，相差何止一个岩层。

我小时候的故乡，家家门口有竹木搭成的疏篱，花花搭搭的篱笆上开着花花搭搭的花。一池萍碎，满目春光，陌上农人来来往往，这一切与篱笆始终无干，它竖在那里似乎并不为藩篱和阻障，只为让花能够尽管开花。

人生大概就是这样：人在这里，心在别处。日子在这里，生活在别处。生活在这里，生命在别处。我们也确实该在心田围起一圈小小的篱笆墙，既和外面的世界有一个形式上的阻隔，又可以堆锦叠艳。你看心田广大，朵朵鲜花，每一瓣都有与生俱来的柔软、湿润、鲜香，标志着自己是自己的王。

做人不可太用力

周作人说，于日用必需衣食之外，要有一点无用的游戏与享乐，看夕阳，看秋河，看花，听雨，闻香，喝不求解渴的酒，吃不求饱的点心。确实人生如水墨，襟怀冲淡一些，坠下悬崖也能看见花，这叫境界。

几年前，我每天要保持 15 万到 20 万字的阅读量，坚持七八千字的写作量；又四处留意着看房、换房；又每天逼孩子学习，又每天对家里的事事无巨细操心不止。就是在那个时间段，头发一把一把地掉，体质孱弱而身材肥胖，心情压抑而烦闷，动不动就躁暴如雷。

有一次，因为油烟机有油，水槽里有水，桌子上的书乱堆乱放，心头怒激，一巴掌就把书报全都横扫在地。当时父母俱在，侄女和孩子也在，大家说说笑笑；家里还养了一只猫和一条狗，你追我赶，热火朝天，我仰天怒吼一声："都给我闭嘴！"吓得大家打一个愣怔，死一般的静。

我摔门出去。

天上朗月高照，没心情冲它笑。

一切都不好。人生如打仗，想着打赢的，结果打来打去，总归还是输了。我想当大作家，可是自己不给力；想当成功的妈妈，孩子也不给力；想当生活优裕的太太，老公又不给力。家庭没有尽善尽美，输了，工作没有尽善尽美，输了，孩子没有尽善尽美，输了，一切都输了。

然后不知道怎么回事，一个踉跄就倒了。

等到清醒过来，想着太累了，再这样下去就离死不远了。其实有什么呢，家里乱一些没关系的，吵一些也没关系，生活不完美没关系，生命不完美也没关系。松弛下来，软和下来吧。

《还珠格格》里，紫薇和尔康这样讲——

紫薇：尔康，不要难过。

尔康：我没有难过，只要你不难过，我就不难过，紫薇，答应我不要难过。

紫薇：尔康，我没有难过，我哪有难过，你不要难过，你看我都不难过了，你也别难过，不要难过，尔康！

尔康：好好好，我不难过，可是紫薇，你一定别难过，难过的事情已经都过去了！

紫薇：嗯，我们都不要难过吧！

当时我就笑喷了。

演戏如恋爱，不可太用力，太用力遭人笑。你看《潜伏》里的小眼孙红雷，一张脸永远那么面无表情的，却是内里有大江大海，这叫演得好，演得到位；做官如演戏，亦不可太用力，否则就会太想把官做上去，结果把官做下来；做富翁又如同做高官，亦不可太用力，否则不是成了守财奴葛朗台，人死了，钱没花，就是成了雅典的泰门，人活着呢，钱没了；做文人又如同做富翁，亦不可太用力，否则不是得个什么奖就欣喜欲狂，就是为没得到奖满腹闺怨；再不然就是“世人皆醉我独醒，世人皆浊我独清”——你又不是屈原，怕不是世人皆醒你独醉，世人皆清你独浊？做美女又如做文人，更不可太用力，东施学西施太用力，结果成了效颦了；要不然就成了白雪公主的后妈，整天跟镜子过不去：“镜子啊镜子，这个世界上谁最美丽？”省省吧，任你轻扭蛮腰，款抬玉臂，轻掠云鬓，慢下楼梯，只因存了一个计较的心，最美丽的怎么也不是你。

炒股太用力易破产，破产易自杀。做穷人太用力易卑贱，做朋友太用力易散，昙花开得太用力，美则美矣，一夕即谢。养家太用力了，百病丛生，身心疲惫。作家太用力容易过劳死。书癖手不释卷，洁癖手不释抹布，爱官癖近官则荣，疏官则萎，美女癖俗名花痴……

总之一句话，做人不可太用力，一切都要适可而止。

——如今自己已经不那么“作死”，只写能写得动的文字，只看能看得懂的书，只做喜欢做的事，不拿所谓的成就和成功逼自己，本来就是平凡人，只用适当的力，只做适当的事，闲也不是游手好闲，忙也不是鞠躬尽瘁，这样活着，确实是一件挺好的事。

我们都有一千种方法喜悦地生活

完全的自由中，人迷失了自己，成了无本之木、无源之水。就像圣埃克苏佩里在《要塞》里说的："人打破围墙要自由自在，他也就只剩下了一堆暴露在星光下的断垣残壁。"

人生在世，有各种各样的生活形态，没有高低好坏之分，却有喜悦与否之别。

比如说贫穷的生活，有的人过不得，一旦陷身其中，就满腹牢骚和怨气。然而对于有的人来说，贫穷却不是桎梏。颜回穷得只能一箪食，一瓢饮，居陋巷，却能够曲肱而枕之，哼着小曲，自得春乐；陶渊明本来当一个小官，有俸禄可拿，却不喜欢那种揖让迎送的日子，辞官归里，天天背着锄头给豆苗锄草，却高赋《归去来兮辞》："归去来兮，田园将芜胡不归？"因为这样的生活自由自在，少拘束，可以采菊东篱下，悠然见南山。

同样是富贵的生活，有的人是喜欢过的，爱的就是它的应有尽有，金碧辉煌，这样的态度也是好的。甚至会享受的人，可以在大雪天里，把敞阁亭子封闭好，然后在屋子底下埋上炭，使整个阁子温暖如春，然后召人在大雪之际饮酒赋诗；可是却有的人对于这种生活很反感，日子很不快乐，例如清朝的纳兰性德。身为贵公子，视富贵如无物，年纪轻轻忧郁而死。至于清帝顺治，更是看破一切，遁入空门。

之所以不喜悦，是因为做不到各安其位，意马心猿，都想突破界限。

逃课是相对于上学发生的，疯狂上网是相对于严禁泡网发生的，婚外恋只有偷偷摸摸才觉得甜蜜无比。在被围墙圈起来的范围之外的广阔天地，对围墙内的人永远存在诱惑和神秘的气息，而一旦真正置身没有任何限制的广阔天地，人们就会疯狂地渴望被限制和被束缚，并且由此感觉到有所归属的温暖。

上不起学的孩子可以漫山遍野疯跑的时候，这种放纵就没有了意义，而一心一意想坐到课堂上。那个时候，坐在课堂上的孩子正在走神，想着漫山遍野疯跑的乐趣。

有充分自由，可以随便上网的人，反而对网络上的一切视之漠然，包括泡论坛、聊天、玩游戏和网恋。而没有上网自由的人，半夜爬起来也要奔向网吧，高墙和铁丝网都阻不住那股勃发的热情。

没有家的人可以随便交友，随便恋爱，却渴望有一个属于自己的家，有一个属于自己的男人或者女人，回家晚的时候，会有人为自己亮上一盏灯，而不是仅仅有满屋子黑魆魆的家具等待自己。就是那个人板着脸生闷气，或者不满意地嘟囔："怎么这么晚才回来，你不知道我在等你吗？"都觉得甜蜜无比。

但我们通常都意识不到"限制"的意义，不少人揭竿而起，要奋勇捣毁困住自己的城池。结果一步跨出去，发现一脚踩空。在无所依着的黑暗里，一切想象中的美好都失去了意义：完全自由的时间，完全自由的行动，完全自由的爱和身体……不用再煞费心机地隐瞒什么，也不用再针锋相对地坚持什么，不用在缝隙里抢一点爱出来，也不用从牙缝里挤出一点爱给那个人，一下子有了大把的时间和爱可以挥霍，却一下子不知道该做些什么。

事情总是循环不停，冲出围城和冲进围城总是同时进行，挣破枷锁和套上枷锁是一体的两面，戴着镣铐跳舞是永恒的存在状态，因为我们离不开限制，却又日日夜夜梦想离开限制。我们建设、拆毁；重建、继续拆毁。反复里外，奔波无已。漫漫星光下，到处是一堆堆的残垣断壁。

事情的解决方式听起来保守又陈词滥调，可是它的确是喜悦的源头：心无所待，随遇而安。这样一来，哪怕一千种生活方式摆在面前，选择哪一种，都有喜悦。

你奔跑不奔跑，上帝都不在乎

挥汗如雨的劳作上帝是不在乎的，上帝在乎的是你劳作的时候有没有唱着歌；一味的牺牲和奉献上帝是不在乎的，上帝在乎的是你在牺牲和奉献的时候，是不是真心觉得快乐；你有没有钱上帝也是不在乎的，上帝在乎的是你脸上是不是始终带着明丽的微笑——上帝不在乎你是否奔跑，只在乎你是否快乐。

书上看到一句话，说“上帝只偏爱奔跑者”，因为奔跑者肯上进，因为奔跑才能成功。

的确，好像成功的都是在人生长途上奔跑不辍的，起码按照我们的世界通用的标准来说，他们是成功了：住大房子，开漂亮的车，吃昂贵的法式大餐，出入前呼后拥——我就见过一个大老板，他一边走路，手下一边给他在前边铺红色的地毯，地毯一路延伸。

可是，他们心里的滋味是怎么样的，跟你说过吗？

周星驰从一个“死跑龙套的”，做到了一代笑匠宗师，他主演的电影让人笑中下泪，泪中又破颜而笑；他导演的电影也起到同样的效果。可是他面对记者采访的时候，却反复地说：“我运气不好。”当你不知道他是谁，只看他的眼睛，你很容易就会觉得，这个人是真的运气不好。他的眼睛不是颓丧，是一种很深的，静水流深那样的安静的绝望。他说假如他可以再重来，就不要再那么忙，要“干我喜欢干的事情”，可是这一生哪来的那种假如呢？于是他就忙着忙着，只剩下一个人了：没有家庭，没有妻子，没有儿女，孑然一身；拍着让人笑的电影，然后睁着一双眼睛，说：“我运气不好。”

——跑着跑着，他把幸福给跑丢了。

如果有两个小孩，一个快乐地在后院里玩泥巴，一边念着颠三倒四、不知所云的儿歌；一个在前庭里辛苦且痛苦地奔跑，你更想要你的小孩做哪一个？一个辛勤打渔的渔夫，和一个在树荫里躺着睡大觉的渔夫，你怎么知道上帝更喜欢哪个？假如这个辛勤打鱼的渔夫一边挥汗如雨一边快乐地哼歌，无疑，他是深得偏爱的，因为他从工作中获得快乐。假如他一边挥汗如雨一边咒骂命运，你以为上帝会喜欢一个装满黑色毒药的瓶？

所以，谁快乐、谁平静、谁自由、谁幸福，谁就是那深得偏爱的。相信我，你奔跑不奔跑，上帝根本不在乎。他在乎的是你行走或者奔跑的时候，是不是哼着歌。

外国的街头，一个小女孩向一个街头拉琴卖艺的艺人帽子里丢了一枚硬币，然后他开始演奏；然后，另一个演奏者出现，坐在旁边一把椅子上，拉起他的大提琴；然后，又有三两个出现，小提琴也来了，贝斯也来了，然后，各种各样的乐器都来了；然后，架子鼓也来了；然后，乐队指挥也出现了。刚开始低沉的琴音被激昂而配合默契的贝多芬第九交响曲代替，响遍全场，观众从开始的少到多，从迷茫到激昂，从观看到投入，到最后大家放声歌唱。

看啊，这么多的街头天使。我没有话讲。

他们的身体里，全都涌动着上帝的灵魂。他说：“来啊，来吧，我们一起唱，我们一起笑。”而我，真就隔着小小的屏幕，一点一点地，绽放出一个大大的笑。而之前我是在写作，在赶稿，在人生的道路上奔跑。我觉得这是一件大事，马虎不得，却忘了问问自己快乐不快乐。

一个奶酪小店被好莱坞电影导演发现，将它作为拍摄地。店主却依旧像从前一样，跟所有走进他店里的大学生打招呼："Hi，马修的奶酪是马修亲手做的哟。"虽然现在买马修奶酪的人排了很长的队，但马修却说："我只是一个热爱做奶酪的人，埋头干活，远离麻烦。"他甚至拒绝了家乐福、欧尚这样的大型连锁超市的配货订单。

"我们在这儿非常快乐，我对现在拥有的一切感到非常满意。够了。"他说，"我并不富有，但钱对我就像甜布丁，多了会毁掉我的牙齿。"

他看明白了，上帝才不会惩罚不肯奔跑但是快乐的人呢。

现下，中国人普通的心理状态就是不安。我们不安，所以我们怎么做都不对，当再大的官也不开心，赚再多的钱也不开心，有多少人陪伴也不开心。因为你的心不在这里。你没有心。

心不认美酒佳肴，认妈妈做的粗茶淡饭；不认宝马香车，认有情饮水饱；不认高位，认忙时种花，闲时卧草。它认纯净的眼神和固执而良善的坚守。所以，也许不必斗智斗勇，不必奋勇争先，不必觥筹交错中频把流年换。哪怕我们这代人注定被物质勾引得牺牲心灵，因而每个人的坚守也都显得悖晦难明，可是只要你肯听从心声，哪怕步履漂泊，当下也得快乐与安宁。

——上帝偏爱你这样的人。

第 16 章

泯灭一分悲观：人生时时得人意，金樽不对明月空

我想要的，生活都给了我

如果你充满感恩，觉得自己是满足的、丰富的、不缺乏的、幸福快乐的，于是宇宙也就会映射出这样的一个你，并且反馈给你这样的信息，于是你的确是满足的、丰富的、不缺乏的、幸福快乐的，无需悲观，无需祈求，只有感恩。

林黛玉和薛宝钗的诗都做得极好，但两人气质却不一样。黛玉是诗人，宝钗是哲人。

所谓诗人，一身瘦骨，倦倚西风，吐半口血，在侍儿搀扶下看秋海棠；一旦爱上什么，又得不到，就连命也不肯要。所谓哲人，沉默安详，花来了赏之，月出了对之，无花无月的时候珍重芳姿，即使白昼也深掩重门。不如意事虽然也多，多半一笑置之。

两者比较起来，黛玉就显得不幸，写出的诗也让人肝肠寸断："花谢花飞飞满天，红消香断有谁怜。"也是，她的确够不幸的，母亲早亡，父亲两年后也撒手西归，只剩下她，在外祖家寄人篱下。那么，宝钗的境地就不让人觉得悲观了吗？她所生长的环境也是很优渥的，但是随着父亲的去世，家道也中落下来，哥哥又不务正业，眼看着自己家的日子也是一天不如一天。但是宝钗就不悲观，只是随缘守分，安安静静地过自己的日子。

生活中多么需要这种豁达。

当年，在外漂泊好几年，借调在一个风风光光的单位，没本事调出去，却被一脚踹回来，受到不少的讥笑。那时候，心里是难过的，觉得努力了这些年，仍旧是一无所有。

暗夜思索，总不知道活着为了什么。以前觉得发表一篇文章是无上的快乐，再以前，觉得教出一个好学生是无上的快乐，再以前的以前，家里若有钱给我买一顶新草帽便是无上的快乐，因为随我爹去田里劳作的时候，头上戴的这顶，早被风雨汗水沤得发黄变黑，险些糟成一个帽圈了……可是所有的快乐，都如同鲜艳的玫瑰凋落，枝头残瓣也被时光漂白了颜色。

好像这一生，从来没有过那样一无挂碍的、无牵无念的快乐。甚至于当自己正在快乐的时候，也会有忧郁悄悄爬上心头：眼前的快乐，很快就会消失了吧？马上就会有悲伤找上门来了吧？神奇的是，当我这样想的时候，快乐果然很快就消失了，悲伤重重地兜上心来。这么多年，心头一直都如此的阴霾，想着要快乐要快乐，但所谓的快乐，又都是骗人的。

然后，在办饭卡的时候，看到了后园里一地的落叶。

它们卷曲着，寥落重复叠复叠。周围无人走路，连自己细密的呼吸声都听得清清楚楚。长久以来的心情仿佛一幅暗哑的布，如今这布上缀了一小粒珍珠，一下子让整块布都活了，成了流丽的珠灰色。一霎时觉得被人辜负也没什么，被人伤害也没什么，被人误会也没什么，被人冷落也没什么，真的，一切都没什么。就是被命运的大手甩来甩去都没什么。原先的那种痛苦啊，不安啊，愤怨啊，其实，都是因为一个“我”。觉得“我”被偏待了。就像一只猫，觉得面前有一座鱼山，结果这条鱼被人拿走了，那条鱼被人拿走了，渐渐的，觉得所有的鱼都被人拿走了……

可是你看，树被偏待了，连衣服都被剥光扒净了，它还在用枝子在灰蓝的天上描啊描，姿态曼妙。它的脑子里是没有这个“我”字的。叶子也被偏待了，风吹雪盖，可是它还是那样静静地躺着，不苦也不涩，因为它的心里没有“我”。

长久以来的忧郁和不快乐，都是因为把自己看得太重了。不如意事十八九，每件不如意的事都被十倍百倍地放大，快乐得起来么？

悲观和乐观本就是一体的两面，反过来想会怎么样？

如果你说，真好，我的钱真多。那么，即使你的钱只够裹腹一餐，你也会觉得你的钱多如牛毛。如果你说，真好，我的房真大。那么，即使你的房只够容身一榻，你也会觉得你的房高楼广厦，甚至还有余力邀那无家可归者共享炉火和饭菜。如果你说，真好，我的老婆真漂亮。那么，即使你的老婆只是中人之姿，在你的真诚赞叹之下，也会如笋剥壳，愈来愈光嫩白净……自信是人的第二张脸。如果你说，真好，我的权力真大，那么，即使你只是一个厕所的"所长"，你也会觉得天高地广。当然了，你不能把这个"所长"的权力发挥到跟每一个使用它的人要钱，那不叫幸福感，那叫贪婪。如果你说，真好，我的名气不小，那么，即使你籍籍无名，也会因为到底不算人们眼中的陌生人而倍觉温暖。温暖带来亲和力，再将这亲和力原样奉送出去，更多的温暖和关注会反馈回来，你的名气真的会越来越大。当然，我不是说那自我膨胀，那不叫幸福感，那叫虚荣心。

……结果就成了这样，一旦放下悲观，拾起乐观，当自己拥有全世界，结果你很可能就是真的拥有全世界：我现在就拥有全世界——有一份令自己衣食无忧的工作，有一份让自己安放心灵的兴趣和爱好，有深爱我和我深爱的家人。我所要的，生活都给了我。

永远不要觉得自己老了

时间带走朱颜，带走黑发，却送来看透一切的大智慧。在时间面前，我们心不老，任何时候都不老；心老了，哪怕正当青年，也是一个衰朽的老人。

四代同堂，人声喧嚷，儿女、孙儿女、重孙儿女，聚在一起共贺姥姥 80 大寿。祝不完的长命百岁，万寿无疆。欢乐则无人不醉，唯有一人最清醒，就是高居正中，鬓发如银的老人。设身处地替她想，一屋子男男女女，都有一个大好前程可奔，唯有她自己身心俱衰，犹如风吹烛焰，摇摇晃晃，心里哪能没有一丝悲凉。

而且，我知道她还有一桩大遗憾。

十年前，姥姥就一直跟我们一起住。那时她已经七十岁，虽然鬓发花白，却体健神朗。她特别羡慕那些拿着书本的人，因为自己不认字，对识字的人有一种本能的羡慕与景仰。

我半开玩笑地说："姥姥，我教你认字吧。一天认一个，十年也能读书了，管保比他们读得好！"她笑："别跟姥姥闹了，十年！姥姥今年都 70 了。今晚脱鞋上了炕，明儿就不知能不能穿得上。还认什么字！"

我不听，随手拿过一张报纸教她念："今天，本地，大风，降温。"她推辞不过，也跟着断断续续念，还说："天字我认得……"

此后一连几天，我一回家就教她。可惜人老了，脑力不够，三天才学了一个"今天"，她说太难了，不学了。我也没有再坚持。

没想到十年也不过弹指一挥间，80 岁的姥姥依旧神智清醒，眼目明亮，却也依旧只认得一个“今天”。每天一下班就看见她手里拿着一张报纸，还是颠倒的，在那里默默地浏览。一碰到“今天”她就情不自禁地念，喜不自胜，大有“我会认字”的自豪感。这两个字还起方向盘的作用，一见到这两个字头朝下，姥姥就知道报纸拿颠倒了，赶紧翻过来。

我后悔，姥姥更后悔：“唉！我 70 岁那会年轻的时候，真该跟你学认字，到现在就能读报纸了。”

我吃了一惊。姥姥在说“年轻”——“年轻”到底是一个什么样的概念？

一直以为 70 岁已经衰老，原来相对于 80 岁的老人，仍旧是无可挽回的年轻。就像我已经 35 岁，自觉走过沧海桑田，但是对于姥姥而言，35 岁又是多么苍翠而茂盛的年轻。

我成天都在哀叹时光一去不复返，遗憾镜中容颜不再娇美，让岁月一寸寸过去，却没有想到自己的年轻正在进行中。“现在”的每一天都比将来年轻，如同一串葡萄，每次吃的都是最小的一粒，希望永远在后面。只要自己愿意，任何时候都是年轻。只要肯把眼光往后看，任何时候都能让生命来一场迸发的狂欢。

对于一个 80 岁的老人而言，70 岁时的轻易放手都会让她惊痛，那么，正当盛年的无聊哀叹，在暮年将至，将有多么排山倒海的悔恨？

印度近代大学者毛鲁纳·阿里·唐维就是一个范例。他的一生无比丰富多彩：开办了伊斯兰学校，培养了许多代穆斯林人才；夜以继日地编教材和写书，从启蒙课本到伊斯兰百科全书大辞典，他的书翻印了数千万册，在全世界广泛流传；他还每天回复四面八方的来信，从不让远方的年轻人盼望落空。

他的一生过得如此紧密而圆满。人们问他为什么会成就斐然，他的回答十分简单：“永远不要觉得自己是老了，永远珍惜宝贵的时间。”

没有奇迹的世界，也那么好

不用担心命运走向何方，不用担心繁华何时散场，不用担心世界会崩塌，不用担心亲人、爱人、友人、家人会离开。因为命运走到何时都有光明，繁华落幕也余下夜静空山月桂香。

看了一部电影：《姐姐的守护者》。

姐姐凯特患了白血病，母亲为了她的病，不但辞去律师的工作，还特意生下了妹妹安娜。安娜似乎一生下来就是复制品，十多年来，她不断地向凯特捐献出脐带血、白血球、干细胞、骨髓……粗粗的钢针扎进去，小姑娘哭得哇哇的。可是，这一切都是值得的，因为姐姐的生命原本在五年前就应该消逝了，现在却依旧能够亮着因治疗而掉光了头发的白白圆圆的光头，冲着妹妹温柔地笑。她甚至还能和同是得了白血病的小伙子相爱，穿着漂亮的衣服，戴上漂亮的假发，挽着恋人的手臂，笑容绽放如花。

现在，凯特的肾功能衰竭，安娜，这个“姐姐的守护者”，又要给凯特捐肾了，但是她却不肯了。十一岁的小姑娘，卖掉了金项链，聘请律师，希望能够对自己的身体有医疗自主权。

真是自私啊！

妈妈是那样的震惊，怎么也想不到小女儿为了要给自己保有一个健康的身体，而拒绝救姐姐的生命。

母亲和女儿聘请的律师对簿公堂。

言来语往，刀来剑往，却掩盖住了妹妹自私、寡情之下的真相。

真相是：妹妹所以拒绝捐肾，是因为姐姐求她让自己自然死亡。十几年来，无数次的呕吐、出血、住院、开刀、放疗、化疗，这个始终笑着的姑娘感觉实实在在地吃不消，生命于她已经不美好。和她相爱的青年也已去了另一个世界，也许，正在某个地方等待她、冲她微笑。

可是妈妈不愿意，她更愿意相信终有奇迹会出现。

就像电影外的大部分观众，大家都在期待奇迹出现。一个没有奇迹出现的世界，是无聊的、无味的、乏善可陈的。

是的，我也和迪亚兹·卡梅隆饰演的妈妈那样，同在期待奇迹出现：这个孩子能够神奇地病愈，一切都那么美好，否则，生命就太悲观了。

可是，没有。

凯特终于去世。

死的那一晚，她将自己的母亲抱入怀中，如蚌含珠。这样一种反常的构图，给人的印象如此深刻，就像一个通明澄澈的大人，怀抱一个伤痛迷惘的婴儿，最终婴儿终得安慰，伤痛终得解脱。

妹妹安娜的温柔旁白响起在肃穆的葬礼上：

"我的姐姐在那晚过世了。我也很希望说她突然奇迹般的康复，但她却没有。她就那样停止了呼吸。我也希望我能告诉你说因为凯特的过世有什么好事儿发生了，能让我们一家好好生活下去。或者说她的生命有什么特别的意义，然后有个公园啦马路什么的以她的名字命名，或者高级法院为她修正了一条法案啥的，但什么都没有发生。她回到了天堂，化作一小块的天蓝。而我们的生活还在继续。"

是的，生活还在继续。妈妈重整凌乱的生活，继续当一个出色的律师；爸爸提前退休，然后负责解答青少年心理问题；儿子杰西展露了艺术才能；而"我"，也就是安娜，则过上了健康快乐的生活。一切都在继续，求生得生，求死得死。

所以这部影片值得称道的地方不在情节和架构，也不在人物塑造，而是在个体生命的生与死这个问题上，表现出深厚的人文关怀，它和现实境况如花面交映，两相心照，揭示出一个没有奇迹的世界，也那么好。

所以，我们，每个人，都应该成为生命的守护者。在能创造奇迹的时候，我们创造奇迹；在无法创造奇迹的时候，我们给生命以温情与安慰，让所有的生命在苦难中焕发出爱的光辉。

只有这样，我们才会分明地看到：一切都不值得悲观，没有奇迹的世界也那么好……

趁着活着，再活一次

有诗云“闲来无事不从容，睡觉东窗日已红，万物静观皆自得，四时佳兴与人同”，其实静观就是发现，发现美无处不在，备觉人世的美好与庄严。

看了一部十年前的老片子：《一一》。

NJ 是一个中年商人，书生气质，带着妻子和两个孩子以及岳母，住在台北一间普通公寓。岳母在他的小舅子婚礼上中风不醒，此后每个人都轮流在婆婆的床前给她说话。

最先发现问题的是 NJ 的妻子。她几分钟就可以把自己一天所做的事情对母亲汇报完毕：早上做什么，下午做什么，晚上做什么，今天和昨天一样，昨天和前天一样，前天和去年一样……她哭泣不止：“我怎么只有这么少？怎么这么少？我觉得我好像白活了……”NJ 靠门站着，静静聆听，表情木然。生活如此疲惫，他没有力量给她安慰。

妻子走了，去山上清修。在此期间，NJ 去日本做生意，见到初恋情人，两个人携手而行，谈笑风生，怀旧亦是如此温馨，让他重新变得年轻。然后，NJ 的妻子回来了，因为她发现山上和山下也没什么不同。在家里，她说，妈妈听；在山上，别人说，她听。一样的了然无趣的人生。NJ 也回来了。十年前，他因为不满意初恋情人对他当年的前途的强硬安排而离开；十年后，两人之间虽然甜蜜和依恋仍在，可是，初恋情人仍旧想要对他现在的生活进行安排……

所以，每个人的生活都看似纷繁复杂，其实单调得可怕。所以 NJ 夫妻坐在床上，NJ 才会讲："本来以为我再活一次的话，也许会有什么不同，结果……还是差不多，没什么不同，只是突然觉得，再活一次的话，好傻……真的没那个必要，真的没那个必要。"他的话是一把钝钝的木刀，一点点削掉人们活下去的希望。

所以 NJ 的小儿子，才十岁的洋洋，会在婆婆的葬礼上，掏出一张纸来念："婆婆……我好想你，尤其是我看到那个还没有名字的小表弟，就会想起你常跟我说'你老了'，我很想跟他说：我觉得，我也老了。"

在纷繁复杂的世界，老得最快的永远是人心。

三个小时的电影，似乎只提出一个疑问："再活一次有没有必要。"有没有呢？假如导演只为了借 NJ 之口，说一个"没必要"，以打击大家生活下去的积极性，那就辜负了他对这个世界的真情。

在灰暗的人生中，洋洋像一枚小小的亮片。他一直不停地拿着照相机拍啊拍，专拍别人看不到的东西，比如自己的后脑勺。这个小男孩在竭力告诉我们，生活像一个半面的"一"，看似平凡、普通、平庸，可是，我们看不到的那个"一"的另半面，是另外半个世界，说不定会美丽、漂亮、充满激情。所以，一定要找，要追寻。

这让人想起美国导演门德斯执导的一部影片：《美国丽人》。同样烦乱忧恼的日子，被不同的人过得同样的索然无味。只有一个青年瑞克，执着于用录影机拍下自己挖掘到的一切美，甚至包括一只白色的风中起舞的塑料袋："那一天很奇妙，再过几分钟就要下雪，空气中充满力量，几乎听得到，对吗？这个塑料袋，就跳起舞来。像一个小孩求我陪她玩，整整十五分钟。那一天我突然发现，事物的背后都有一种生命，一股慈悲的力量，让我知道其实我不必害怕，永远不必。它让我牢记，这个世界有时候，拥有太多美，我好像无法承受，我的心，差一点就要崩溃……”

的确，这个世界有着太多太多的美。一次走在路上，突然止步，恍然如有所想，看车流人往。身边潮沸盈天，却一切与我无干，我只看得见一片叶子被风吹，打着旋飘上蓝天——真是无上美好的体验。

还有一次在茶室，和朋友说笑，却一霎那间听见一声琵琶音，“铮”的一声，一下子魂飞天外，大概不过一闪眼的时间，却觉得足足过了两个钟点。那感觉真是不常见。

此前更有一次，嗓子坏掉后，蛰居图书室，正读禅偈，恰好是读到“一切声，是佛声，檐前雨滴响泠泠”，结果揉揉倦眼，看窗外骤雨初歇，真有一滴檐前雨啪地掉下来，在石台上摔得清透碎裂，一时神魂俱飞，只觉自己就是那滴雨，连那掉落时的失重感都感觉得清清楚楚，无法忽视……

两部影片好比小男孩洋洋眼中的世界，《一一》是前额，《美国丽人》是后脑勺，二者相拼，给出一个真正完整的答案：人生虽然灰暗，美却无处不在，完全不必悲观，只需仔细寻找，就能真正发现。而找到的人，会趁着活着，再活一次。

生命时时刻刻都在开始

我们的生命很少顺畅如流水、一帆风顺到彼岸，更多的时候，面临着一个个的断崖一般的断点。有的人一头跌了下去，再也不曾爬起来；有的人跌了下去，却爬起来，重新攀登，开始人生。

有一个家伙很倒霉。

他本来工作体面，婚姻美满，却自毁前程，成功出轨，把老婆变成前妻，紧接着公寓又失了火，自己还被一个老头开的一辆老爷车给撞了，颈椎受伤，脖子戴起白领圈，看起来像头滑稽的公牛。又被炒鱿鱼，紧接着唯一的一辆车也被偷。他拿最后几块钱买了张车票去找前妻，恳求她能让他住在她的空房间里，结果前妻给了他一顶帐篷，把他赶了出去。

于是，他就从一个有家有业的金领人士（他既是资深播音员，又曾经是当红大报的编辑部主任），堕落成一个无家可归的流浪汉，只落得捡啤酒瓶为生，卖瓶子的钱还要先付在草坪露营的租金。

第一晚扎营，已是黄昏，天要下雨。他没有经验，忙活得一头汗，一个声音忽然响起来："把它绑在树上，再送一条绳子到你后面的电线杆。"接着，毛毛雨下起来了，这位不知名的朋友和他一起把帐篷架起，然后把锤子一丢，走开了。问他叫什么名字，他摆摆手，说："别客气。"他再也没见过他，仿佛他只是被派来帮他架起帐篷开始一段新生活的天使。

在这个地方，他认识了很多流浪汉。有人给他一双干袜子，有人分给他一些空瓶子，有的人发了财（路人施舍给他五块钱），就买东西回来大家一起吃。他不用再考虑晋升，钓马子，付电话费，只需要想怎么填饱肚子，在寒风凛冽的天气里，从垃圾筒掏些旧报纸来塞住帐篷的空隙。

有一天，他从报纸上浏览到一条招工启事，对方要找一个有工作经验的电台播报员。这对他可太合适了！

他跑到电话亭，往投币口丢下宝贵的二十五美分，打通了电话，结果人家却告诉他，负责人不在，等他来了回你电话。电话挂了。他开始等待。三个小时，没有回电。

第二天一早他就起床，准备在电话亭旁边打持久战。九点三十五分，电话终于响了。负责人问他有没有工作的经验，他调动起他那迷人的胸腔音，说："我不时地做过些播音工作，在过去二十年里。"他一边说话一边祈祷，希望他伪装正在自家客厅里讲电话的时候，旁边不要有大型车辆隆隆开过。

最后，负责人让他去试播。挂了电话，他大叫一声。旁边两个家伙路过，问："伙计，有什么喜事？"他把原委一说，其中一个慢吞吞地问："你打算怎么去？就这鸟样？"

的确。

他长毛如贼，已经几个星期未理，衣服脏兮兮，而自己连买肥皂的钱也欠奉。再加上还需要往返的公车费，他这才惊觉自己有多穷。

那两个人互看一眼，说："来吧！小子。"

于是，这个已经四十五岁的老"小子"就乖乖跟他们到一圈帐篷那里。扎营在那里的几个男人每个都往一个小小的棕色纸袋里丢了一点钱，让他拿这笔钱去洗干净他的衣服，旁边住小拖车的一个妇女则保证给他熨平。

几个钟头后，他衣着光鲜地出现在广播电台，得到了那份工作，一周可得一百元！

他成了营区里的有钱人，买了一辆老爷车，搬到一间小木屋里面。气温下降，他轮流邀请朋友们分享他的房间，也请他们一同花他的钱。他从来没有忘记他们曾经为他做过些什么。在这里，他终于学会了感恩。

后来，他又有了更好的工作和更高的收入，离开了那个地方。那几个多月的时光，他学会了忠心、诚实、真实和信任，学到了简朴、分享和存活，学到了失败不是死亡，学会了不去诅咒，而去感恩——从他拖着露营用具跋涉到公园的那一天，他好比死去之后，重获新生。

他甚至感谢偷走他车的小偷，感谢那烧毁他公寓的一把大火，感谢赶他出门的前妻，感谢坏天气和曾经饿得空瘪瘪的肚皮。他感谢他遇到过的所有人和所有境遇，因为所有这一切都让他明白一个道理：生命从来不是结束，它时时刻刻都在重新开始。

原来人的一生，死并非只有一次，只要你愿意，可以时时刻刻让旧我死去，新我重生。完全没必要问："还来得及吗？我已经这样了，还能够回头吗？"之类的傻问题，每个人都可以在每一个时刻，给自己举行一个小小的葬礼，然后转过身来，用眼下的黄金时刻，创造未来崭新的自己。

第 17 章

看淡一分生死：人生自古谁无死，行云流水过一生

山中自然生白云

有人说汪曾祺是“中国最后一个士大夫”，大概就是因为他修得了一颗士大夫的心。心里不是没有哀怒，只是把哀怒淡淡地晕染开，哀也不伤人，怒也不伤人。时代走得快，他走得慢，庞大的气势挟裹砂石一冲而下，他躲在路旁细数流萤和落花。

汪曾祺，现当代著名小说家、散文家，京派小说的传人。他说：我是一条活鱼，不能分开几段研究。可是还是得分开几段研究，要不然怎么研究?

汪曾祺爱故乡，那个地方叫高邮：“立春前后，卖青萝卜。‘棒打萝卜’，摔在地下就裂开了。杏子、桃子下来时卖鸡蛋大的香白杏，白得像一团雪，只嘴儿以下有一根红线的‘一线红’蜜桃。再下来是樱桃，红的像珊瑚，白的像玛瑙。端午前后，枇杷。夏天卖瓜。七八月卖河鲜：鲜菱、鸡头、莲蓬、花下藕。”

那里出浑厚纯朴的人，比如高明的炕房师傅余老五，放鸭高手陆长庚，开米店的八千岁，小说《受戒》里还有对小儿女：明子和小英子。明子是自小出家的和尚，可是和小英子两情相悦，两个人不是许仙和白娘子那样的苦恋，倒有山环水绕中不用问理世事的清甜。一起栽秧、车高田水、薅头遍草，“捶”荸荠：“赤了脚，在凉浸浸滑溜溜的泥里踩着——哎，一个硬疙瘩！伸手下去，一个红紫红紫的荸荠。她自己爱干这生活，还拉了明子一起去。她老是故意用自己的光脚去踩明子的脚。”

然后，明子受了戒了，不再是野和尚，要正式入佛门了，将来说不定会当方丈。小英子问明子："我给你当老婆，你要不要？"

明子眼睛鼓得大大的。

再问，再问，明子就大声地说："要——！"

这些人，就像画中人，生活在高邮的风物图景中，那里有水，有桃花，有黄毛小鸭，有船，有卖熟藕和馄饨的老人，有在晚饭前绣花的小姑娘，有双黄的咸鸭蛋，柳嫩桃夭，山水相亲。

他的家庭是传统的文人家庭。爷爷中过前清末科的拔贡，家里有钱，可是一个咸鸭蛋能就酒喝两顿。爱古董字画，爱品茶饮酒，爱酒后背唐诗。他的父亲更是一位仙人，金石书画皆通，且会玩单杠，会踢足球，会练武；又会玩乐器，笙箫管笛皆会，琵琶古琴全通。又会给孩子扎风筝，给亡妻做冥衣。"选购了各种花素色纸做衣料，单夹皮棉，四时不缺。他做的皮衣能分得出小麦穗、羊羔，灰鼠、狐肷。"

祖、父、子，三代人，都是中国传统文化温养出来的典型的君子人，爷爷会给人看眼病，不收诊金；父亲会拉琴给儿子伴奏，让汪曾祺唱戏给同学听；到汪曾祺这里，他曾经作小诗以自道："我有一好处，平生不整人。写作颇勤快，人间送小温。或时有佳兴，伸纸画放春。草花随目见，鱼鸟略似真。唯求俗可耐，宁计故为新。只可自怡悦，不堪持赠君。君若亦欢喜，携归尽一樽。"他这个人也好比山中自然生白云。

从 1939 年考入西南联大，因为体育不及格，英语不过关，补学了一年。五年的书不是白读的，他本已家学渊源，再加上自身努力，名师熏染，如今更上一层楼，照尽九州秋。

西南联大的学生们穷，买不起下饭的小菜，就大家摘喂猪的小米菜，"借一百元买点油，多加大蒜，爆炒一下，连锅子掇上桌，味道实在极好。"西南联大的教授们也穷，有的到中学去兼课，有个治古文字的学者为人治印，有的教授开书法展览会卖钱……

可是个个有个性。

吴宓先生有骑士风度，会给没座的女学生搬椅子；朱自清先生教课认真，上课带一沓卡片，一张一张地讲。闻一多先生上课时，学生可以抽烟。唐兰先生教词选，打起无锡腔调，把词“吟”一遍：“双鬓隔香红啊——玉钗头上风……好！真好！”这首词就算讲过了。

他写：“有一位曾在联大任教的作家教授在美国讲学。美国人问他：西南联大八年，设备条件那样差，教授、学生生活那样苦，为什么能出那样多的人才？——有一个专门研究联大校史的美国教授以为联大八年，出的人才比北大、清华、南开三十年出的人才都多。为什么？这位作家回答了两个字：自由。”

是的，自由。

汪曾祺崇尚的就是自由。他的自由不是滔滔洪水撞击怒崖，飞溅三千尺，而是一尾鱼悠游在十亩方塘，天光云影。

其实，他的生活环境真是不能说“小”，启蒙救亡、夺取政权、反右斗争、“文化大革命”、改革开放，哪件事不是波澜如山？可是再大的事情，再苦的际遇，在他的笔下，都是一抹淡然，宁静、舒缓，像是用手中的笔，营造了一个中国传统文化风味儿的伊甸园。

“莲花池外少行人，野店苔痕一寸深。浊酒一杯天过午，木香花湿雨沉沉。”这是他写的一首诗，题为《昆明的雨》，那木香花湿雨沉沉，无非两个字：暗与静。

写到最后，想起他笔下一个人物——云致秋。

此人是个戏子，登场的时候，别人用油彩，只有他用不时兴的粉彩，他说怎么啦？我用粉彩，公安局管吗？汪曾祺说，这体现了属于他的一点点的小“狂”。这种狂，大约就叫自由。

云致秋如果是一朵花，他能入汪曾祺的眼，大概是因为，汪曾祺是能懂他的一个赏花人。而汪曾祺在更大的造物主眼里，未必不也是一朵花，散发着中国传统文化的香味，花心虽小，却能纳须弥于芥子，这种境界也叫自由。

一蓑烟雨任平生

现代可以出大作家，却出不了苏东坡了；可以出大哲学家，也出不了苏东坡了；可以出大政治家，也出不了苏东坡了。那个豁达的、天真的、状如顽童的、满脸胡子的男人，再也不在了，他眼睛里的明净与天真，他心胸里的豁达与大度，我们可以肖想，却不能亲见了，它们，都到哪里去了呢？

苏轼活得很热闹，什么出格干什么。这个人当爹也不守规矩，和自己的儿子兴致勃勃地取松烟造墨，差点把房子给一把火烧掉。当官也不守规矩，贬官大概是黄州，处于软禁的境地。结果他违反宵禁，半夜爬城墙去外边玩；官府规定不许私宰耕牛，为官不尊，他竟然偷吃牛肉。

而且他还和酒徒娼妓混在一起，饮酒唱和。传说在一次筵席上，歌妓李琪走来向他求诗。苏东坡从未闻其芳名，但并不推托，立即吩咐研墨，提笔写下两句："东坡四年黄州住，何事无言及李琪。"然后接着饮酒说话，让这两句开头孤零零平淡无奇地晾在那里。李琪求他写完，东坡拿笔把后两句一挥而就："却似西川杜工部，海棠虽好不吟诗。"整首诗一下子有了光泽，像一粒小小的珍珠。

这样的人恋生，连做神仙也不羡慕，你看他的"起舞弄清影，何似在人间"。可是，人间又有什么好呢？苏轼一生和王安石打了一个回合又一个回合，王安石最失势也不过是罢相而已，而苏轼倒霉大了，差点为此赔上身家性命。

王安石被宋神宗一日几诏，封为宰相，从此开始推行新政。新政之初，就是给政府部门大换血，把反对新政的官员全部拿下，统统换上自以为得力的助手——这是一个小人揽势的最佳时机，这些人既有点小才气，又成不了大气候，对皎皎绍绍、文声卓著的苏轼怀有阴暗的嫉妒，你不是高吗？贬你、囚你、发配你。你不是洁吗？诬你、陷你、污秽你。你不是笑吗？惊你、吓你、折磨你。如有可能，除掉你，于是把他的诗拿来，曲解其意，上疏神宗，指责他诗中有反叛之语，藐上之罪。神宗一声令下，把苏轼从湖州逮捕系狱，接受乌台御史的审判。这就是历史上有名的“乌台诗案”。他后来写此情状：“梦绕云山心似鹿，魂惊汤火命如鸡。”

后更被贬黄州团练副使，穷困至极，久未尝肉食，居然要捉檐下麻雀烤来吃。后来发明东坡肉：“净洗锅，少著水，柴头罨焰烟不起。待它自熟莫催它，火候足时它自美。黄州好猪肉，价贱如泥土。富者不肯吃，贫者不解煮。早晨起来打两碗，饱得自家君莫管。”

晚年又贬官海南，瘴疠之地，更是九死一生，结果又馋上那里的荔枝：“日啖荔枝三百颗，不辞长作岭南人。”吃蚝也吃上了瘾，写信叮嘱别人，可别告诉人家，怕那些京官都谋着外调，跑这里来分他的蚝吃。

所以说他很杰出，一生跌宕，仍旧豪情不改，仰天长笑，这样的人才能写出这样的词：“大江东去，浪淘尽，千古风流人物，故垒西边，人道是，三国周郎赤壁。乱石穿空，惊涛拍岸，卷起千堆雪。江山如画，一时多少豪杰……”

可能越是杰出的人，面对灾祸的概率越大，就好比山巅峰尖会格外的风大雨大。支撑他走过一生劫难的，更像是一种国学滋养出来的博大和豁达。

东坡少时即有儒家用世之志，才会为了草民百姓舍命地和变法不当、误国殃民的新党抗争，却又反过头来，又和那些心胸狭隘、把新党好的一面也全面抹杀的旧党抗争，结果两头不落好，丢官去职，一贬再贬，一路贬到了海岛琼崖。

不过，他还在很小的时候就读《庄子》，老庄又主张旷达超然，“游于物之外”，“无所往而不乐”。显然，东坡得志而能行大事，落难而能够豁达大度，磊磊落落过一生，和他在儒家思想和道家修为间取得巧妙的平衡与和谐分不开。儒家思想给他勇猛、坚持、精进，道家思想使他圆润、豁达、明亮。

东坡去世了，终于没有像他担心的死在海南荒烟之地。元符三年，徽宗即位，他遇赦北归，第二年死在了常州。他的一生，伤害疲惫，异地漂泊、孤村僵卧，自诞生到死亡，起起伏伏际遇如海浪，可是他的心却始终明亮。真的是一蓑烟雨任平生，一曲歌罢大江东，回首向来萧瑟处，也无风雨也无晴。

对照东坡，我们要学习的也许有很多。都想发财，可是发财不如发心，心若坚强志诚，茅屋可比高厦，黄沙也如金珠；不少人念经拜忏看风水求改运，可是改运又哪如改心，若能像东坡一样心田豁达，那就即使活在蛮荒之地也能生趣无限，乐趣多多。所以，做一个像东坡那样豁达的人吧，我们就能困而能忍，顺能乐助，疑而善思，任何时候都能为自己的生命找到出路，进而能用世，退而能自处，随遇而安，随喜而作，处处都生欢喜心。

一江静水澄如练

当一个人能够泯灭了包括“生”与“死”在内的一切对立，人生就能够通达洒脱，左右逢源，触处皆春：领悟万物一体息息相通的情趣，培植无缘大慈、同体大悲的襟怀，化解生与死的矛盾，打破牢关，来得自在洒脱，走得恬静安详，使生如春花之绚烂，死如秋叶之静美……

春暖花开，去看望一个朋友。他迎到楼下，化疗化到头发掉光，戴个帽子，瘦得像根弯着腰的绿豆芽。

他的家在我们城区最好的楼盘，家里明窗净几，阳光鲜亮。茶几上摆着果盘，果盘里盛着切成块的梨和剖成块的橙。还有饼干，还有烧饼。林林总总。他还带我们去阳台上看面盆，里面是他和好的面，中午他要蒸豆包、蒸糖包。

他是食道癌。

坐下来攀谈，自言住院开刀，无法进食，看着别人吃咸菜都觉得是山珍海味。尚是冬天，出院回家，想着不能就这样死去，起码得撑到春暖花开，"这样弟兄们送我的时候，就不能冻着了"，一边说一边呵呵笑。

同行女伴不肯提这个"死"字，总是拣宽心的话说给他听，我却是看着他刀条一样的瘦脸，想着从前，一米八多的大个，四四方方像块厚板砖，于是宽慰的话就有点说不出来。

他却是对"死"字毫无忌讳，他说我现在活的每一天都是赚的，天天高兴。他说回来之后，还是吃不下东西，结果有一天晚上，实在馋了，试着吃了一小汤匙的鸡蛋羹，已经做好咽下去之后再返吐上来的准备，谁想竟然顺着食道滑下去了，堪惊堪喜。第二天晚上又尝试吃了两根细挂面，也顺着食道滑了下去，更是喜气重重。

然后就是现在这样了。茶几上摆着以前也许他觉得不屑一顾的平凡吃食，时不时拈一点送入口中，觉得真幸福。还猛力撺掇我们吃一点梨和橙，吃两片饼干，吃一块烧饼，觉得看着我们吃，也是幸福。

朋友一生打拼，事业有成，以前也许觉得能出名是幸福，能得利是幸福，能买房置业是幸福，儿女事业有成是幸福，自己得人敬重是幸福，现在，这些功利世俗的幸福和人间牵绊的幸福都已经不挂在心上，能吃两口饭、喝半杯水，就是最大的幸福。而能亲手做饭亲自吃，更是幸福中的幸福。

那么，我那一肚子安慰普通绝症病人的话，面对一个不惧死也不忧生的人，也就不必说出。

临走前开口向他求了一幅字——他原本就是一个书法家。可惜此前烟火气很重，所以三年前搬新家，思来想去，也没敢向他求字，因为求来的字，不知道如何安放。放角落是我不忍，挂墙上是我不愿。如今却是一身尘气尽脱，他的字给我的感觉和他的人给我的感觉，就整个都不一样了，以前好比春花春鸟春气喧，如今却是一江静水澄如练。去年有几天心不静，爱看河边秋月。夜坐堤岸，水拍崖响，头顶一星，云鳞如梭，虫唱入耳，万籁俱寂。坐上一时半刻，便又有胆量回去直面万丈红尘。

明治时代的日本有位乐乐北隐禅师，有一天，对一个侍奉自己多年的比丘尼说："你已经照顾我好多年了，很辛苦。今年过盂兰盆节的时候，咱们就告别吧。"

尼姑只当他在开玩笑："老师父，您是要死了吗？可是盂兰盆节的时候，大家都很忙，要为施主们作法事，那时候为您操办葬礼，我们会手忙脚乱的。"

北隐一听，好吧，那我今天就死吧。

尼姑说您着什么急呀，今天死，我们一点准备也没有呀。

"是吗？"北隐说："那我明天死吧。"

尼姑笑着摇摇头，想着老师父真会开玩笑呀。

结果第二天正午之前，北隐禅师沐浴净身，盘腿而坐，唱起佛教歌曲《净琉璃》，众人俯首静听，万虑顿息，不知何时声渐不闻息渐歇，北隐禅师已振袖归隐。

佛陀圆寂前对哀哀哭泣的弟子们说："弟子们，你们为什么要伤心欲绝呢？天地万物，有生有灭；大千世界，最大的实相就是无常。生死，聚散，荣枯，住坏，乃是万古不灭的定律呀。"

那么，一个勘破生死牢关，握住幸福真义的人，也就与佛无二了吧。

视死如欢

你能保证你的肉身永远不受损伤？即使永远不受损伤，能保证它不受时光的劫掠？那条条皱纹，都在替你细数流光。但是无论肉身痛痒、如何苍老，只要能够保证内心安详，便是真正的平安。

不是“视死如归”，是“视死如欢”。

元才子赵孟頫，年近五十，慕恋年青女子，意图纳妾，其妻写了一首《我侬词》：“你侬我侬，忒煞多情，情多处热似火。把一块泥，捻一个你，塑一个我。将咱们两个一齐打破，用水调和，再捏一个你，再塑一个我，我泥中有你，你泥中有我，与你生同一个衾，死同一个椁。”这样的情分在，这死，也便真的如欢了。

1935年，瞿秋白到达刑场，盘膝坐在草坪上，对刽子手微笑点头：“此地甚好！”时年36。一死酬了这一生志向，死也必定是欢的。就牛虻死后留下的一封信，信的末尾，引用一首小诗：“不论我活着，或是我死掉，我都是一只快乐的飞虻！”面对庞大、杂乱的旧世界，化身火种，烧掉污秽，跳跃的火焰带来了死亡，也迎接着喷薄云天的朝阳，这样的死，有什么不欢的呢？

小说《亮剑》里，赵刚和冯楠一见钟情，冯楠问赵刚：“一个青年学生投身革命二十年，出生入死，百战沙场。从此，世界上少了一个渊博的学者，多了一个杀戮无数的将军，请问，你在追求什么？为了什么？”

“我追求一种完善的、合理的、充满人性的社会制度，为了自由和尊严。”

“说得真好，尤其是提到人的自由与尊严，看来，你首先是赵刚，然后才是共产党员。那么请你再告诉我，如果有一天，自由和尊严受到伤害，受到挑战，而你又无力改变现状，那时你会面临着一种选择，你将选择什么呢？”

“反抗或死亡，有时，死亡也是一种反抗。”

是的，死亡为的自由和尊严，为的鲜明的反抗，这样的死亡，让人由衷感觉如欢。因为死得有尊严。

“视死如归”，归，是游子归家，柴门草庐迎候疲惫的脚步，长出一口气：终于回来了啊。从今以后，就挣脱世间牵绊，独自抚孤松而盘桓吧。

“视死如欢”，欢，是眼见对面的爱人张开怀抱，展开笑颜，纵使脚下万水千山，荆途无限，却挞伐笞楚都喜欢，哪怕膝行过钉板，因经过长长的一生时间，如今终于得见爱人的欢颜。欢，是心下有所欢的欢，是“闻欢下扬州，相送楚山头”的欢，是一生相思概已酬的欢。

有那么一群人，就像叔本华说的那样，生活在一切如意的乌托邦，空中飞着烤熟的火鸡；不需寻觅就可找到情人，顺利地白头偕老；“在这种地方，有些人会无聊而死，或上吊自杀，有些人会互相残杀。如此一来，他们为自己制造的苦难，比在原来自然世界所受的还多……苦难的极端反面是无聊。”

无聊地生，无聊地死，生亦无趣，死亦无欢。

其实，死不过是生的一个折射吧。一个人，若活过却不曾爱过，想过，思过，念过，追求过，反抗过，为着心中那一点萤火，和邪恶、阴暗、腐败、贪馋、懒惰，冒死作战过，死便死了，欢，又在哪里呢？

而一个人活过，爱过，想过，思过，念过，追求过，反抗过，为着心中那一点萤火，和邪恶、阴暗、腐败、贪馋、懒惰，冒死作战过，最后，无论是输了，还是赢了，因为做了，所以心安，没有遗憾，也就视死如归了。

假如，一个人活过，爱过，想过，思过，念过，追求过，反抗过，为着心中那一点萤火，和邪恶、阴暗、腐败、贪馋、懒惰，冒死作战过，最后，无论是输了，还是赢了，心里都当自己是赢了，纵使事不谐也，也没有什么了，一生义务已尽，如今终得解脱，于是欢天喜地拥抱死亡去了，此，便为视死如欢了。

鸭子胸前的玫瑰

死亡不是交答卷，既没有天地鬼神为你判分，也没有神仙上帝对你的过往一生指指点点。你将全然地被接纳、被包容、被抚慰、被爱，享受到想象不到的温暖、包容、理解与体贴。因为假如有神，神即生命，生命即爱，爱当然即是温暖、包容、理解、体贴。

一只鸭子最近老觉得有什么东西跟着自己，一扭头，看见一个人，长着一个骷髅头，穿一身黑黄格子的长袍——也许是睡衣？他整个人也长得黄乎乎的。背在背后的黑乎乎的手里拿一枝红玫瑰——其实也不是红啦，是黑红黑红的颜色，好像凝血。

鸭子问：“你是谁？”他说：“我是死神。”

鸭子吓一跳。

鸭子还以为他是来带它走的呢，但是不是。他只是陪着它，据他说从鸭子一出生，他就一直陪着它了，好“以防万一”。至于这个“万一”是什么，那肯定不是咳嗽啦、感冒啦、碰上意外啦，或者说是遇上狐狸，因为那是生命之神的工作。至于这个“万一”是什么，死神仍旧没有说。

不过，这个死神好友好啊，还对鸭子笑呢。鸭子甚至忘了对死神的害怕，还邀请他到池塘里玩，死神想：“真是怕什么来什么。”

在池塘里，鸭子一头扎进水里捞小鱼，把两只脚丫子和庞大的屁股都倒着竖立在天上，屁股上还有圆圆的小小的屁股眼。死神可不干，他说：“请原谅。我必须离开这个湿乎乎的地方。”原来他讨厌水。死神也有害怕的东西呢。鸭子以为他冷，于是就把自己全身覆盖在死神身上，为他取暖。它一旦放松了劲道，就软软的像给死神盖上一件不太严实的毛皮大衣。死神想：还从来没有谁对自己这么好过呢。

第二天早晨，鸭子一睁眼，发现自己没有死，高兴地呱呱大叫，和死神东说西说：“有些鸭子说，我们死后会变成天使，可以坐在云端往下看。”死神被它吵醒，坐起来附和说：“很有可能。你本来就有翅膀。”“还有些鸭子说，深深的地下就是炼狱。如果活着的时候不做一只好鸭子，死后就会变成烤鸭。”死神说：“你们鸭子真能编些离奇的故事。不过，谁知道呢？”死神一边和鸭子在一起走，一边双手仍旧背在背后，手里想必仍旧拿着那枝从来不离手的黑红玫瑰。

死神邀请鸭子爬树，鸭子的眼瞪得圆圆的：这它可不擅长啊！不过，经过一番艰苦卓绝的努力，它还是和死神一起坐在高高的树冠上。遥望整天戏水的池塘，鸭子难过起来了：“有一天我死了，池塘会很孤单的。”死神说：“等你死了，池塘也会陪你一起消失——至少对你是这样。”鸭子说：“那我就放心了。到……到时，我就用不着为这件事难过了。”它还是说不出“到死时”。

很奇怪，当我听到鸭子这样说的时候，我也放心了。原来等我死的时候，我所深爱与相伴的这一切——天空、大地、风、日、云彩、我的书、我写过的字，都仍旧在陪着我。我闭上眼的那一刻，我带走了属于我的整个世界，这样，我的天空、我的大地、我的风、我的日、我的云、我的书、我的字，就都不用孤单了。当然，我也不孤单了。

一天晚上，雪花轻柔地飘落，事情终于发生了。鸭子不再呼吸，把身子挺得长长的，长长的黄嘴巴竖直地冲着天空，两只小黄脚丫并在一起，眼睛闭起，像一弯上弦月。它死了。“死神抚平了鸭子被风吹乱的羽毛，将它托在双臂上，来到了一条大河边。”鸭子的脖子在他温柔的臂弯里柔软地垂落下来。死神把鸭子小心翼翼放进水中，然后轻轻一推，送它上路。鸭子在水里，就像在它自己的眠床上——水本来就是它的眠床，两翅并拢，长嘴向天，两只铲子一样的小脚乖乖地并拢，眼睛美美地弯成上弦月，顺水流去。它的胸前，放着那枝玫瑰。

死神一直在陪伴，在等待，等待用玫瑰温柔地送行。

这本德国沃尔夫·埃布鲁赫画的绘本《当鸭子遇见死神》(新蕾出版社)，笔触不算漂亮，造型也不空灵，颜色土土黄黄，一点也不粉嫩，可是实在、踏实，好像人们常吃的面包。看了他的绘本，就觉得死神就应当是这个样子的。干吗非得拿着长长的弯柄镰刀穷凶极恶地收割生命呢？要不然就像美国电影《死神来了》那样，对生命穷追不舍？死亡就是一个温柔的骷髅头，消解了时光的丰肥秾艳，穿一身家常的睡袍，毫不起眼地随在我们左右，直到生命尽头。当我们死去，他会惆怅，然后放一枝玫瑰在我们的胸前，送我们安详上路，启程到另一端。

一个女友的母亲得了不好的病，她把母亲送到医院，然后看见炼狱般的景象。求医者无分老少，脸上满满地写着痛苦、恐惧、麻木和绝望。一个老和尚被几个小和尚服侍着，也来问诊。女友说，和尚不是看透生死的吗？为什么也如此执着？可是生与死，哪能看得那么透脱，可怕的死亡在即，谁又能不那么执着？

大概没人会相信，一个四十多岁的中年女人，看惯了也习惯了世界和自己的铁石心肠，当看到鸭子胸前的玫瑰，大哭了一场。原来我们穷尽一生后，被这样温柔而慈悲地迎接，送入另外的世界。